小鳥草子

コトリノソウシ

中村文

序

人と小鳥って、よく似ているなあと思います。
羽があるか、ないかくらいのちがいで
実はほとんどおなじなのではないか、とさえ思います。

似ているところを具体的にあげるなら、
足を二本もっているところとか、仲間とあつまりたいところとか、
好きなひとに歌をささげたくなってしまうところとか、
たくさんありますが、

毎日、毎日、いろいろあるけど、生きているねえ
というところが、いちばん似ていると思います。
あたりまえですね……。

たいへんものぐさなので、遠くへはあまり出かけず、
散歩のついでに、ぶらっと小鳥に会いにゆきます。
ですからこの本の中に出てきますのは、ほとんど、
町で見られるごくふつうの小鳥たちです。

小鳥がおとずれると、にわかにまわりが輝きはじめます。
風はうたい、草木は踊っているように思えます。
電線も建物も、ちょっとうれしそうに見えます。
あっというまに通りすぎるその一瞬を
忘れないように、ひとつひとつ、日記にしるします。
そうして書きとめた小鳥日記が一冊の本になりました。

はばかりながら、これまでに出会った小鳥の風景を
みなさまもご一緒に見ていただけるなら
こんなにうれしいことはありません。

本の中を散歩していただくあいだ、
小鳥が実際に舞いおりるかもしれません。
ほんとうに、小鳥とは思いがけないときに
やってくるものなのです。
そのときはぜひ、本を閉じて
ほんものの小鳥とあそんでください。

あなたは
そんなに
ちいさいの

たとえばエナガ

【体の大きさ】　約6〜7cm……左の絵とおなじくらい（尾の長さをいれると約14cm）

【体重】　約8g……この本の紙約3枚分

目次

いっしょに飛んで
みないかい

一章

トキメク

恋して、すずめ

まるっこい頭が、かわいらしい。見ていると、こちらの気持ちまでまるくなるようなすずめの頭。頬の黒斑も、にくめない。すずめ同士でいたずら書きをしたみたいで、ついにんまりしてしまう。そっけないのはいつものこと。ただし、そこに米やパンがあるなら話はべつ。いやなものはいや。好きなものは好き。すっきりと正直に暮らしているところは、お手本にしたいくらいだ。硬いコンクリートは、すずめが弾めば、ふわふわの絨毯みたいに見える。

寒波がおとずれた日、街にはなにかが欠けていた。おしゃべりな、ちゅんの声が聞こえない。アスファルトの地面にも、電線の空にも、どこを探してもいつもの茶色が見あたらない。すずめのいない街角はさびしかった。草木に人の気《け》、秋は虫の音《ね》。街の情景に安心をあたえるものはいろいろあるけれど、すずめもそのひとつなのかもしれないとふと思う。

すずめなんてどこにでもいるじゃない、と言われる。たしかに青や黄の小鳥はその

へんで出会うことはない。すずめは茶色の着もので、そこらを跳ねる。すずめの良さはなにをおいても、その気さくなところだ。茶色と過ごす日々があるから、青や黄色もきらめいて見える。異国をたずねたとき、見慣れぬ景色が輝いて見えるように。日常の尊さとはそのようなことで、すずめは小鳥でありながらそれを象徴する、稀有な存在かもしれないとも思う。

地味で目立たないね、と言われる。たしかにすずめは見栄えはしない。しかし見方を変えればそれは、つつましいということでもある。どのような場所にいてもすずめはおさまりがよく、どこか、茶花を引きたてる素朴な花入れを思わせる。

似たようなことを昔、友人に言ったことがある。彼女が思いを寄せたのは、ひかえめな人だった。おかしな冗談を言って周囲を笑わすクラスメイトを遠目で見ているような男子だった。「自分で光らないところが好きなの」。あのとき彼女に見えていた、彼の輝きはこういうことだったのかもしれない、とすずめを見て、いま思う。

少女の恋はつつましい。彼と目があわないように、思いをさとられないように、遠くからそっと見つめる。そうして無関心をよそおいながら少しずつ、ほんの少しずつ近づいてゆく。余談ではあるが、これが、すずめとの距離を縮めるのにちょうど良い方法なのである。

ぼくたちすずめ

さくら色きれい～
春だねえ
ぼくらの色って地味～
カレハかよってね
そう？
なんにでもにあっていいよベーシックで
コーディネートの幅がひろがる……？
それはもう
まちがいない
……そうかな
さっそく！
お客さまおにあいですよ

茶色どうし
なかよくする？

すずめ色

この色が
はやったことも
あったらしい
えどのとき
そうともさ
すずめ茶とか
雀頭色とか
いわれるらしい
そうね…
いまも
見てごらんよ
この夕日の色
すずめ色時って
いうんだよ
いい色だね
うん

すずめ色
流行らせたいな〜

パリジャンかく語りき

その夏の熊野古道は、欧州からの旅行者がよく見られた。道すがら、パリから来たという年配の紳士に声をかけられる。あたりの熊野杉はまっすぐ伸び、上の葉がもこもこと雲のように重なっているので、太陽が出ていても細道はうす暗い。そんななか、銀色の髪に空色のTシャツがひときわ鮮やかである。見るからに陽気なおじさんは、日本で目にしたさまざまな情景にいくらか興奮しているようだった。そのひとつひとつを早く解決したくてしかたないというふうに、矢つぎばやに質問を投げかけてくる。日本の車掌さんは、なぜ電車の発車前に指をさすのか？　なぜ街にはゴミが落ちていないないのだ？　ポリスは、いったいどこにいるのだ？（街角に警官が立っていないなんてパリではあり得ない！）。旅びとから見た日本は、ふしぎの国（そして、なかなか良い国）のようである。

おじさんは饒舌だった。そのおしゃべりは古道を歩く間中つづき、日常のあらゆることに及んだ。これは、そんなおじさんが「鳥」と聞いて、とっておきの思い出がある！

と教えてくれた話である。

——あれはまだ幼かった頃のことだ。私は母親に連れられ、トルコのコロッセオにいた。野外の演奏会を聞くためだ。主演は、チェリストであり、指揮者でもあったムスティラフ・ロストロポーヴィチ。旧ソビエトの有名な音楽家だ。定刻どおりにオーケストラが演奏をはじめたそのとき、あたりから聞き慣れない美しい音が聞こえてきた。一瞬ピッコロだと思った。しかし驚いたことに、それは近くの木にとまっていた鳥の歌声だった。ロストロポーヴィチはそのとき、人差し指を口にあてオーケストラの音をとめたのだが、そうすると鳥たちの歌もとまり、あたりは静まりかえった。音はといえば、カサカサとこすれあう葉の音くらいだったかもしれない。おもむろに彼は弓をとって、ひとりでチェロを鳴らしはじめた。たった四本の弦が奏でる音。その音色に誘われた鳥たちが、ふたたびうたいだした——。

「人の音楽に、野の鳥が応えていたんだよ」。木漏れ日を受けたおじさんの灰色の目は輝いて、ハツラツとした少年のような顔をしている。トルコの鳥たちはその音色に、なにを聞いたのか。地上が、あるいは草木がうたっていると思ったか。道はいつのまにか森をぬけ、里山を見おろす丘に出ていた。チルチルビーといいながら、空をツバメがよこぎっていった。

むかしむかし

ぼくらの祖先って恐竜らしい
そうらしいね
おっきくてつよかったんだってー
いまとぜんぜんちがうね
いんや!
ときどき昔の血がさわぐ気がするよ
ブルブル
カサッ
きゃ
ばっただよ
ピョン

にてろかしら

すこしむかし

さいしょはこんなんでした

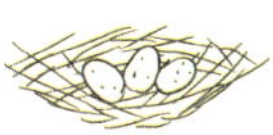

丸と四角の30分

crane {kréin}
1【可算名詞】ツル（鳥）
2【可算名詞】起重機、クレーン
3【動詞】（ツルのように）首を伸ばす

　クレーンが鉄骨を持ちあげている。首を伸ばす動きが似ていることから、その機械にはツルという名がつけられた。ロボットみたいな建物がつぎつぎに建って、町はどんどん角ばっていく。住んでいるのはそんなビルの一角。9階のベランダには、ときどき小鳥がやってくる。姿はすぐ近くに見えるけれど、その存在は少し遠い。カーテン越しにうっすらとまるい影。その日はふたつあった。

　一羽が手すりをとことこ歩き、その後を、慌てるようにもう一羽がついていく。尾がひょこひょこ、たえず上下している。ハクセキレイの親子だ。セキレイはもともと水辺にすむ小鳥で、石をステップに河川をすらすら渡る。一説には、その尾で着地の

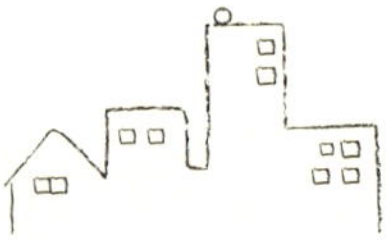

バランスをとっているとも言われる。

ここで待っていなさいね、というように、母親は子をおいてビルのあいまに飛び去った。子セキレイは、しばらく不安げに母を呼ぶが、風にびゅうと吹かれたとき、鳴くのをやめ、おぼつかない足をぐっとふんばった。ほどなく羽はふくふくとふくらみ、ひょこひょこの尾が動かなくなる。居眠りをしているのである。おかまいなしに風はまたやってきて、びゅう！と初々しい羽がめくられる。ハッとして、見ひらいた子セキレイの瞳はまんまるだ。強がるように尾をぶんぶんふって、みだれた羽をそそくさと整える。羽はすっかりしぼんで、体が縮んだみたいに見えた。びくともしない周囲のビルは、わたぼこりのような小さな命を庇うようでもあり、拒んでいるようでもあった。

母親が帰ってくる。鳴きたおす子の声をさえぎるように、あつめた食べものを口にぐいと押しこむと、ふたたび飛んでいった。これまで何度、母を見送っただろうか。子セキレイは小さく足ぶみをする。つぎの瞬間、その姿はベランダから消えていた。

親子は半時間ほどそこにいた。硬く静止した世界で、その存在は心もとなくも思えたが、生きようとする姿は洋々として、明るかった。四角のかたすみに見たまるい命に、心の角もやんわりとおとされてゆくようだ。このベランダは、少しのあいだ彼らを守れただろうか。いつでも帰っておいで、首を長くして待っているから。

小さきもの1

思えば大きなものばかりだ
ぼくらのまわりは
そうね
しかし！ぼくらはあえて小さく進化した！
1おくねんかけてね…
けどさあ……
なんだね
なんだかときどき
かなわない気がしてくるんだ
みんなとても大きくて……
ちゅん…

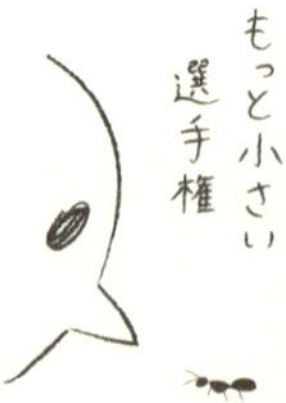

もっと小さい選手権

小さきもの2

小さくてよかったことをかんがえよう
あっ
雨……
そのようなときは木の葉いちまいで
雨やどりできます
小さくてよかった
つつつ…
そのあとの水たまりは…
おふろになります！
イエ～
小さくてよかった

かくれんぼも上手よ

うぐいすラジオ

小鳥が歌上手になるまでの道のりは、思いのほか長い。父親からうたうことを教わると、くり返し口ずさんでは練習をかさねるが、春はまもなくというときにも下手をまごついている者は案外と多い。あのウグイスにしても初春のうちは「ホケホケ」とか「ホヘホホウ」などと言って、どこか間がぬけている。それでもくじけずホケをかさね、本番までにはなんとか美しいホケキョウにととのえていくらしい。

声はよく聞くけれど、その姿を見ることはあまりない。ウグイスは、端正な声をとどけるラジオのパーソナリティのようである。開放的な声からは想像しにくいけれど、実はかなりの恥ずかしがり屋。そんな性格を表すように見た目も控えめな灰褐色である。その上、小鳥一羽でも入る隙はあるだろうかというくらいに、枝の入りくんだ藪にいたいらしいので、顔を合わせることは滅多にない。

染井吉野がぼわっとピンクにたなびいて、小川には春の光が踊っている。花や草木がやわらかに陰をつくる晴れの4月のこと。歩道と川を分かつように葦《あし》がよくしげり、その中で「ホケキョウ！」と、ウグイスたちがこぞってうたっていた。歩けばホケキョウ、その先でもホケキョウ。うぐいすラジオ流れるうぐいす通りだけれど、その姿を見つけるのはやはり容易ではない。目をこらすと、ようやく遠くの梢に一羽のウグイスを見つけた。足をぐっとふんばり、めいっぱい胸をふくらませ、のびやかに声をあげている。春がすみを一気に吹きはらうような、冴えざえとしたホケキョウ。しかし、その実像はくすんだ葦にまぎれこんで、茫漠としている。少し目をはなすとどこにいるかわからなくなってしまう曖昧さは、その声によってはじめて現実味をあたえられているようだ。

ややあって、自分が見られていることに気づいたらしい。ウグイスは傍の藪にすいこまれるように飛びこむと、すっかり沈黙してしまった。おぼろげな景色のなか、またたく間に消えてしまったウグイス、ひょっとして春の影だったか……。ううむ、ごしごし（目をこする音）。白昼夢を見ているような気分で歩きはじめると、時間が惜しいとばかり、すぐにまたうたいだした。ふり返っても、葦原に淡くとけこんだウグイスはどこにいるか、もうわからない。しかし、まぎれもなくその声の聞こえるところに草木は芽だち、花はひらく。歩いてゆくあいだ、ホケキョウがあたりをどんどん春にする。

うぐいすデビュー

春まだかなー
ついに
この日が
きた……
ドキドキ…
そろそろの
はずだよ
きっと
できるはず
練習もうんと
したのだから
ドキドキ…
自信をもって
とどけます
デビューソング
「春がきた」
スポットライトのなかへ…
ホ～
ホケキョ!
おお
春だ！
春が
きた！

春だわ！
ポンッ

うぐいすデビュー前

COUNT DOWN
3

小鳥 or フルート?

小鳥がうたっている、と思ったらフルートである。その公園にはいくつかの森があって、春になると楽器を持った人がちらほら練習におとずれる。その日、フルートがうたっていたのは短調のメロディで、どこかさびしげだった。

小鳥のさえずりを表現するのに、西洋の音楽ではピッコロやフルートがよくもちいられる。サン=サーンスの『動物の謝肉祭』でも、鳥を演じているのはフルートだ。飛んだり跳ねたりする鳥が、目の前に出てきそうな楽しい曲である。ベートーヴェンの交響曲では、フルートは西洋のウグイスとも呼ばれるナイティンゲール役を演じ、そのあとにオーボエによるウズラや、クラリネットのカッコウが続く。これを作曲したとき、ベートーヴェンは音を聞くことがむずかしくなっていて、記憶のなかのさえずりを思いだして、採譜したという。『小川のほとりの情景』と名付けられたこの章は、三羽のうたう声によって終わりに導かれ、のどかな印象のまま、幕が閉じられる。

雲が光をさえぎり、あたりがふと暗くなる。森のフルートは、ほがらかな鳥役では

ないようだ。その調べは、太陽が隠れたことにもなにか感傷的な意味をあたえるように、さびしさをほのめかす。時にバラ色に、時にブルーに。音楽は、人の気持ちをいろどり豊かに変えてゆく。しかし、すでにたくさんの色をもつオトナには、空白のキャンバスも、たまにはほしいもの。無心のままに、ぼーっとする。そんな時は、さりげないそよ風のような、澄んだ清水のような、そんな音がよいかもしれない。そう、それはたとえば小鳥の歌とか。

小鳥のさえずりは実際、清く美しく、また正しい。その歌には小鳥自身の生まれや育ちが現れるため、正確な音をうたい、また聞くことなくして伴侶を見つけることはできない。絶対的な音の高さを聞き分ける「絶対音感」が小鳥の命をつなぐ。大昔には人間もこの能力をもっていたと言われるけれど、いまは訓練なしでは使えないようだ。人はそのかわり、ほかと比べながら音を相対的に識別する「相対音感」をもつようになった。おかげで音と音のつながりを意識できるようになり、いわゆるメロディが生まれた。音楽を楽しめるようになったのだ。

フルートがやむと、拍手をするようにざわざわと木の葉が騒いだ。気まぐれな太陽が顔をだし、森の中が光りだす。ピッピコロロ……とフルートが、こんどは陽気にうたいだした。と思ったら、キビタキだった。

うぐいすデビュー前

COUNT DOWN **2**

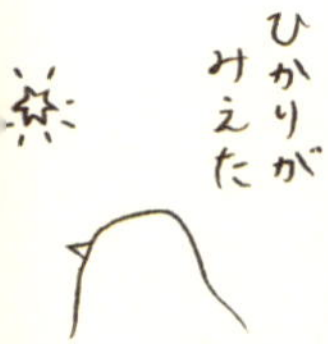

うぐいすデビュー前

COUNT DOWN
1

歌のこと

アフリカ中部の森に住むバヤカと呼ばれる人々は、毎日のように歌をうたって暮らしているといいます。その声は木々のざわめきや川のせせらぎを思わせ、天地の音と呼応しているようです。だれかがうたいだすと、ひとり、またひとり、と声を重ねていくポリフォニー（多声音楽）は純粋で、まるで小鳥の歌のよう。上手にうたう人が人望をあつめるそうです。

小鳥の世界でも、やはり歌上手のほうが人気を得られます。春になると、雄は競いあうようにうたい、パートナーとなる雌を誘います。小鳥によっては羽をひろげたり、くるくると踊りながら歌を披露したりすることもあるようです。うたうことで、恋敵をなわばりから遠ざけることもあります。このようにさえずる小鳥は「鳴禽類《めいきんるい》」と呼ばれ、耳から入ってくる音をおぼえて、さらにそれを、発声気管である「鳴管《めいかん》」の中の筋肉の動きに変えることができます。「ホケキョウ」と短くうたうウグイスに、長く複雑にうたうメジロなど、種によって変化に富んだ小鳥の歌。長くても短くても、その声は筋肉を微細に調整してはじめて出せるもので、しっかりと練習しないかぎり、正しくうたえるようにはなりません。言うまでもなく、練習を積むにはかなりの体力を要します。そのため、体

が丈夫でなくてはなりません。丈夫であるということは、十分に食べものをとっており、外敵から身を守れる強さがあるということ。雌は、歌の出来栄えによってパートナーとなる雄の力量を見極めるようです。

ところで、おなじ鳥でもカモやハクチョウなどの大きな鳥はうたいません。あのように体が大きければ、まず問題なくパートナーの目に留まるでしょう。小さな鳥たちはというと、虫や木の実など、ささやかなもので生活し、外敵に見つかりにくいよう進化したコンパクトな体。仲間どうしでも、そう簡単には見つけられないようです。そのため小鳥たちは自分の居場所を伝える手段として、声を発達させたと言われます。

小鳥の歌は、通りすがりに聞くのが良いようです。森や草原で、ふと聞こえる小鳥の歌。これに勝るものはありません。森に暮らす小鳥は、木々をもつきぬけるような力強い声でうたいます。草原にすむ小鳥の歌は、風も手伝うからでしょうか、やわらかに聞こえます。ゆれる草木に、きらめく木漏れ日。そんななかで小鳥の歌が聞こえたなら、晴れわたった青空の気分です。けれど、もし「小鳥の歌カフェ」なんていうものがあったなら。さまざまな小鳥が日替わりでステージに立って、歌をうたってくれるカフェです。ああ、そんな場所があったなら！　通ってしまう気がしています。

本日は、名シンガーの中から
こちらの小鳥さんをご紹介。
お気に召されましたら
ぜひ野山へもお出かけください。
（店主）

メジロ

声の大きさ　★★★☆☆

可憐さ　★★★★☆

会場　街や林の木のうえ

春色のこんぺいとうが踊っているような印象。その愛らしい声は、心のなかにみるみる花を咲かせます

ミソサザイ

声の大きさ　★★★★☆

輝き度　★★★★☆

会場　渓流などの水辺

きらきらとした光の粒が目に見えるようです。新緑のなかの木漏れ日を思わせる、きらめきの歌声

オオルリ

声の大きさ　★★★☆☆

透明度　★★★★☆

会場　森の木の高いところ

清水がしっとりと心に染みるような、透きとおった味わい。気持ちをすっきりさせたいときに、ぜひききたい声

キビタキ

声の大きさ　★★★★☆

独創性　★★★★☆

会場　明るい林の木のうえ

明るくリズミカルな声に、ついステップを踏んでしまうかも。ほかの鳥の声や虫の音を取り入れたユニークなフレーズもお聞きのがしなく！

ヒバリ

声の大きさ　★★★☆☆

繊細さ　★★★★☆

会場　草原と空

春の風や草花の声を聞いているみたい。空からそそがれると、なにやら祝福されている気分に。思わずハレルヤ！といいたくなります

イソヒヨドリ

声の大きさ　★★★★☆

華やかさ　★★★★☆

会場　海辺の岩、たまに街のビルのうえ

「ピポパポ」と時にするどいキレを感じさせる歌は宇宙からの交信をも思わせます。どこか遠くへ思いを馳せたいときに

小鳥の肖像

Portrait of a Bird.

スズメ

かわいいけれど、
たまにおじさんぽい貫禄。
あるいは頬の黒斑が
そう見せるのでしょうか。

Suzume

すずめチークカッコイー

- 意外とするどい眼ざしにどきっとする
- ヘルメットをすっぽりかぶったような丸頭
- 細くも太くもないくちばし。草でも虫でも、なんでもいけるクチ
- アゴとホホの黒斑が、ヒゲとモミアゲに見えてダンディズム

アトリ

アトリ科の中でも、
美形の雰囲気ただよう
アトリやヒワたち。
ときどきスズメに混じっています。

- どことなくすっきりとした顔立ち
- ときにやさしげに、ときに悲しげに見えるつぶらな瞳
- 頭はこぢんまりとした印象。ほどよいまるみ
- 端正な三角形のくちばし。種子の殻むき名人です

コトバにできないことは
うたってみよう

二章

ヒラメク

青の時間

神さまみたい……。目の前に現れた小鳥に、そんなことを思う。きらきらと全身が光り輝いているのである。ふっと、音もなく姿を見せて、まぼろしのように消えた。ここは神社の庭園。どこか粛然とした空気である。

桜の咲きかけているのを「笑いかける」というそうだが、その日の神社の花は、みんなよく笑いかけてくれた。遠くの桜に見とれるばかりで、しばらく気がつかずにいた。ふと前を見ると、苔むした染井吉野にとまって、カワセミがじっとこちらを観察しているのである。あまりにまっすぐの視線なので、背後になにかあるだろうかとふり返るが、こんもりと茂る藪があるだけだ。視線をもとにもどすと、そこにカワセミの姿はなく、薄紅の花が小さくふるえていた。

カワセミの羽は輝いている。光のかげんによってその体は、青にも翠の色にも見えて美しい。カワセミは漢字で「翡翠」と書く。ヒスイとも読むが、そのきらめく姿にちなんで名前をもらったのは宝石のほうだ。池や川などを見ると、カワセミがいるかもしれない、と青を探す。カワセミはたいてい木の上から、魚らのようすを眺めているのだが、その姿はそこが神社でなくとも、やはり下界をのぞく神さまのようである。水面をじいと見つめたあと、目にもとまらぬ速さで飛びこんで、あっという間に魚をとらえてもどる。魚はたぶん、変わったことはなにもしていない。ただいつもとおなじ一日を送っていたのだろう。無情のように思われても、カワセミが魚をとって地上へあがるときは、すべてがきらめいて、美しい。青の羽、銀のうろこ、透明なしぶき。またたく間に流れる時間のなかで生命の輝きを、また、目に見えない「一瞬」という時間を目撃したようにも思え、ハッと目が覚まされるのである。魚は逃れようと尾をぴらぴらさせるが、体を何度かゆすぶられ意識をなくしたようだった。カワセミはくったりと動かなくなった魚を、頭から飲みこんだ。惜しみなくうばわれた命は、別のものに姿を変える。魚は、カワセミになった。

さて、神社のカワセミはというと、池を見おろす松の木にすわっていた。水面にうつる空にカワセミの姿がゆらめく。天から神さまが見ていることを、魚たちは知っているだろうか。やわらかな光のもとで、悠々と泳いでいるかもしれない。あるいはただならぬ気配を感じ、陰にひそんでいるだろうか。もうすぐ、だれかが選ばれるよ。水面に、青の光が走った。

かわせみダイブ

長いとか短いとか

飛びこむのすごくはやいですね
くちばしでキョリ感が…
水は得意だよ
くちばしも長くてカッコイー
あっ
カカカカ
あし短いって思ったでしょ
いま
ふるふる

尾っぽもみじかいですがなにか？

つつぴー計画

ことりのこのこ　とりのこされて
とことこひとり　つつぴというた
とりのことのは　ことりのことば
とりとことりの　わたしはとりこ

公園の林におしゃべりな小鳥たちがやってきた。六羽のエナガと三羽のシジュウカラの混群である。エナガは小さな体にしては、尾がやけに長い。この尾で右や左へかじをとり、急な方向転換もぴゅんとやってのける。群れのリーダー格であるエナガが向きを変えるたび、タクトをふっているみたいなので、実はこの尾が群れを動かしているのではと思う。胸にネクタイ模様をもつのがシジュウカラ。男女兼用のネクタイは男子のほうが太く、また、太めであるほど女子にもてるらしい。他人同士であつまるスズメ

と異なり、エナガとシジュウカラは顔見知りがあつまると言われる。

チリリリリと鈴を鳴らすようなエナガの号令で、小鳥ご一行はこのあたりで食事をとることにしたようだ。チームエナガはあいかわらずむつまじく、枝先でじゃれあっている。仲間に尾を踏まれた者がジリッと不満の声をあげ、にわかに群れがばらけたが、すぐにまたごきげんな声を出しあって、あつまった。尾を踏まれたことは声ひとつで解決し、尾はひかないのである。

シジュウカラは、ひとりがツツピと鳴くと、もうふたりがツツピと応える。すさまじい音のヘリコプターが上空に現れ、小鳥たちの声がにわかにかき消された。「ツピー！（おしずかに！）」と抗議するように、シジュウカラはいちだんと大きな声をあげる。木立ちの間を、さわやかなツピが駆けぬけた。

小鳥は、音声でコミュニケーションをとりあっている。その声は脳の感情をあつかう部分から多くの情報を受けてつくられるので、素直な気持ちが現れるという。人は言葉を使って疎通をはかり、文化をつくってきた。しかし時によって言葉は、人の間に壁をつくることもある。小鳥の声を会話にもちいたら、あるいはすんなりと心が通いだすかもしれない。さもありなん。「つつぴー計画」とは、小鳥の声でいろいろとさわやかに言ってみようという、最近の試みである。

えながのかけ声

さいきんなんか元気でなくてさ
それならいつものしよ！
そーだ
あれをしたらきっと元気でるよ
尾をあわせまして…
すっ
すっ
エイエイ尾～！
いきを吹きかえしたかんじ！
ナイス尾！
やっぱこれだね
ナイス尾！
元気は尾からってね！
ナイス尾！

長い柄みたいだからえながなの
キメッ

尾っぽファンタジー

きゃっ
きゃっ
またなにかかんがえているな…
…………
びよよん
わー！
ちきゅう
そ〜れっ！
えながっちの尾っぽでどこまでも
どこへいくのか…
くくっ

なーんでもないヨ
なーに？

バードアイランド
大きくなったり、小さくなったり編

目を覚ますと、そこはもう島だった。東京湾を出港して7時間、船は三宅島に到着した。鳥類学者の樋口《ひぐち》広芳《ひろよし》先生と、知人のみなさんといっしょである。朝靄《あさもや》で白くかすむ港の先には、大きな森が黒々と浮かびあがっていた。

三宅島は伊豆諸島のひとつ。東京の世田谷区より、小さな島である。噴火をくり返していたせいか大昔には鬼がすむと恐れられ、鳥も通わぬ最果ての島、などと言われていた。溶岩原など、むきだしの自然があるいっぽうで、豊かな原生林もある。黒潮がもたらす暖かな気候とたくさんの雨は照葉樹の森を生み、木々は冬でも葉を落とすことなく、生き物にすみかをあたえる。独自に進化した固有種も多く、歩けば出会うという鳥の生息密度の高さが「バードアイランド」と呼ばれるゆえんだ。

ほの暗い森に足を踏みいれると、ギィと戸の開くような声がする。キツツキの仲間のコゲラだ。ニィニィ！　ヤマガラも。どちらも内地で見られるふつうの小鳥だけど、

なにかがちがう。とくにヤマガラは日焼けしたように羽色が濃い。そしてサイズが……

「ふつうより少し大きいんです」と、先生がひとこと。「島では、鳥も植物もね」。

歩いてゆくと、樹齢六百年ともいわれるスダジイに出会った。巨大な幹は大きくうねり、空を仰いでいる。噴火の神が宿るといわれる、御神木だ。島のスダジイに実るドングリは内地のものに比べると、やはり大ぶりらしい。その実を食べるために進化したオーストンヤマガラのくちばしは、ふつうのヤマガラよりも大きいという。

島の固有種、アカコッコが顔を出す。胸は真紅で背中はビロードのように艶めいている。国の天然記念物だけれど、おなじツグミの仲間と比べると、歌があまり上手ではないみたい。キョロロン、キョロン。倒木を舞台にさっそくうたいはじめる。水笛が鳴るようなかわゆさだけれど、たしかに上手というのとはちょっとちがうかも。

島では歌を競いあうライバルが少ない。だから、大らかにうたっていられる。島では小鳥をねらう外敵も少ない。だから、コゲラもヤマガラもほっとして、体を少し大きくしたのかもしれない。

光に誘われ足を進めると、エメラルドに輝く池が浮かんでいた。火口湖の大路池《たいろいけ》である。当時の噴火口はいまは水をたたえ、鳥や魚などの生きものを育んでいる。島ではみんな大きくて、自分がすっかり小さくなったみたいだ。

ひばりさん

♪どこまでもつづく♫
リラ〜ララ〜♪
♪みちのない♪
♫リラ〜ララ〜♪
すたっ
えーと…
ここは
どこかしラ…
そらをとんで♪
作詞・作曲
ひばり
どこまでもつづくそら
道のないそらだから
まようこともある
そんなときは　すずめ
そうさすずめに
きいたらいいのさ
（ラララ…）

あるとき、ないとき

あるとき……
ないとき……
アメンボさん
ここは「アル」でいくか……
みずたまり…
道を……
おたずねしたいのですが
キリッ
ん？

トサカじゃないよ
カンムリの羽だよ

バードアイランド
それでも緑は生まれる編

三宅島二日目の朝。本棚にアッテンボローや、オーデュボンなどの大型本がならんでいる。ふとフウチョウの本を手にとった。ニューギニア周辺の島にすむ、とびきり華やかな鳥だ。カラフルな羽毛に、ぴょんと飛びでた飾り羽。三宅島とおなじように外敵が少ないから、こんなにも飾りたてられるのだろうか……などと思う。

雄山《おやま》へ向かう。標高７７５メートルのゆるやかな山は、過去幾度となく火山活動をくり返してきた。２０００年の噴火では、鳥も虫も、人もいなくなった。樋口先生はその頃から毎年、調査をされている。立ち入り禁止区域近くから少しずつ下山して、鳥の声や植物などを見聞きし記録していく、スポットセンサスという調査だ。

ピー・ピーと、ガス探知の音が規則的に響いている。干からびた木々は白く、スコリア（溶岩の一種）に覆われた地面は真っ黒だ。そこだけ、時間が止められたようである。５分間、耳をすませる。風とともに鳥たちの声が遠くから聞こえはじめた。「いまのはハシブトガラス」先生がおっしゃる。「ホオジロが鳴きましたね。二羽かな」。ここでは2014年まで、鳥の声が聞こえなかったそうだ。

山を下りるにつれ、聞こえる鳥の声が多くなり、地面にはちらほらと緑が見えはじめる。「枯れた土地にも、植物は生えてくるものです。ほら、このユノミネシダとかね」。大部分の植物が死んだあと、最初に出てくるのが、ユノミネシダだという。

植物の種《たね》は、鳥やねずみなどに運ばれ、時には何年ものあいだ、土に埋まったまま休眠する。そして外の環境が変わると、一気に芽を出すのだ。山をどんどん下っていくと、パイオニアプラントと呼ばれる植物が現れはじめた。空気中から取りこんだ窒素を土にあたえることのできるヤシャブシ類である。枯れた土地はこのようなパイオニアたちによって命を吹きこまれ、少しずつ緑を取りもどしていく。やがて、サクラなどの高木が入りこめば、いよいよ森らしくなるだろう。新しい命が絶え間なく混ざり、森は生まれる。それは、千年を越える時間のなかで、じわじわと育まれるのだ。

スコリアの上でイソヒヨドリがうたっている。シジュウカラは朽ち木にとまって、ツツピ！と声をあげる。噴火の傷跡がのこるなか、鳥たちは希望の歌をうたう。すっかり下山すると、エゴノキが白い花を咲かせていた。ヤブイチゴの実は、真っ赤に熟れている。ひとつとって噛んだら、果実のつぶがみずみずしく口の中ではじけた。

すずめとひばり

あなたは有名なひばりさん
へぇ ぼくって有名なの
歌がうまいとか カンムリがすてきとか
かな☆
ハイ!
ちょっと大きいすずめみたいって
有名です
チチチチ チュンチチ…

おちこんでますか
おちこんで

空と雲のトリなのさ

すごく高くまで飛べるんですね
雲の雀って書くくらいだからね
雲雀
ほ〜
エイゴのなまえも…
その名は…
スカイラーク！
ビュン
カッコイー！
また空に…
うぅぅ〜
道はだいじょうぶですか。。。

カラスのかあさん

あっ！と声がでた。大きな黒い物体がとつぜん目の前に現れたのだ。夏の濃密な影をぜんぶあつめたような、漆黒のカラスである。見ると毛玉のようなものをくちばしにくわえている。スズメの子だ。ギャギャッと悲痛な声をあげる親スズメを横目に、カラスはしれっとつばさをひるがえし、ひなを連れ去った。悪いけどこっちにも生活ってもんがあるんでね。黒のマントを羽ばたかせ、去っていくカラス。すがるようにして二羽のスズメが後を追う。

うしろから見たスズメの頭は、悲しくなるほどまんまるだった。飛べたなら、とこのときほど思ったことはない。飛べたなら、まずカラスに体当たりをしよう。おどろいたカラスは口をひらくにちがいないから、その隙をねらってひなを空中キャッチ。もうするなよ、とカラスにビシッと釘をさして、ひなを両親のもとへ届ける。そうしたらスズメの父さんと母さんは泣いてよろこんで……。そんな想像もむなしい。カラス、にくし。

カラスもスズメも、人里に暮らしてずいぶんと長い。春や夏は、このように、カラスがひなをねらうことが多いので、子育てをするスズメにとっては、気苦労の絶えない季節でもある。ただしそれ以外では、カラスがわざわざスズメを襲うことは、それほど多くはなさそうだ。黒も茶も、ふだんは、おさまりよく暮らしているようにも見える。

鳥の中でもカラスは、すこぶるかしこい。水を飲みたいときには、公園に寄って水道の蛇口をひねり、クルミを食べたいときには、車に轢かせて割ることもある。その知能は、人間の七歳児くらいに相応するといわれる。キラキラと輝くものを見つけては、あつめる。なにかに役立てているのか、ただ楽しんでいるのか。よくわからない。あるいは影のような自分を、その光で照らそうとしているのかもしれない。かあかあと夕空に響くしわがれ声に、そんなことを思ってみる。

スズメがねむっている頃、カラスは早々と家を出る。朝は早く、夕方は遅くまで活動するという働き者だ。スズメが昆虫の母さんから幼い虫をとるように、カラスの母さんもまたスズメのひなをとり、子育てをする。考えてみればカラスはカラスで必死に生きているのである。生のすぐそばには死があり、死のとなりにはまた生がある。とだえた命を目の当たりにして、ことさら「生きる」ということを思った。だからというのもおかしいけれど、スズメのぶんまでカラスよどうか、達者で生きておくれ。

ポジティブからす

わたしは
からす
からすのひと
こっちみてる
みてるね…
ちょっと
おっかないね
ひそひそ
きょうも
黄色いひめいが
きこえる
キャー
キャー
バサッ
カッコよさ
アピール
カラス
ビジョン
カッコイー!!
きゃー♢
きゃー♢
すてきー!!
もっと近くに
きてくれても
いいのだよ
コトリさん
にがてー
にがてー

やあやあ
お仲間さん
Kuroneko

ポジティブ翻訳

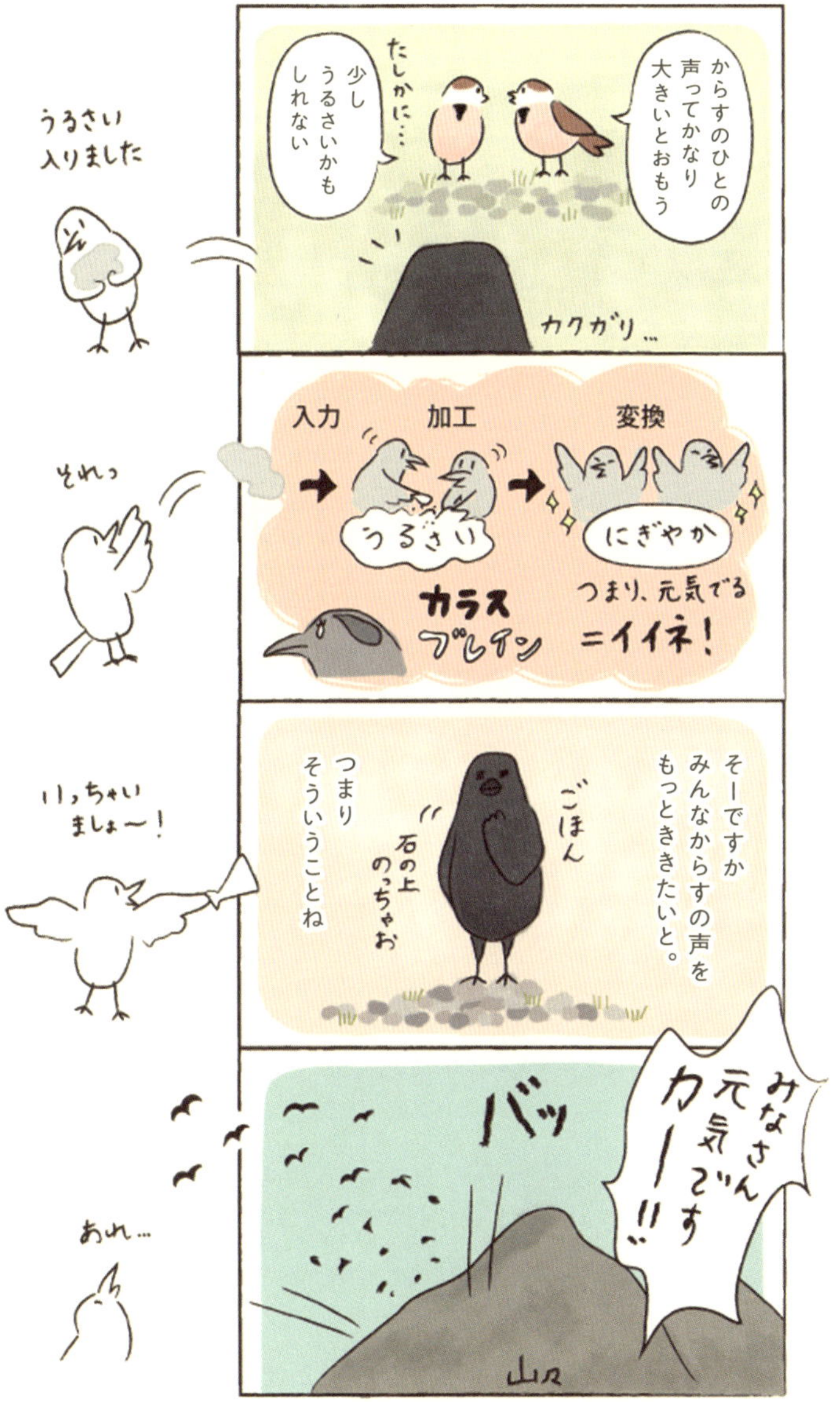

からすのひとの声ってかなり大きいとおもう
たしかに…
少しうるさいかもしれない
カクガリ…
うるさい入りました
入力
加工
変換
うるさい
にぎやか
つまり、元気でる＝イイネ！
カラスブレイン
それっ
そーですかみんなからすの声をもっとききたいと。
ごほん
石の上のっちゃお
つまりそういうことね
いっちゃいましょ〜！
バッ
みなさん元気でーす
カーー!!
山々
あれ…

地味ガール

「瑠璃《るり》」の名をつけられた小鳥がいる。青色の美しい、コルリ、オオルリ、ルリビタキである。みなおなじヒタキの仲間だけれど、すまいやふるまいはもちろん、その青には、めいめいの個性が発揮されている。

【出会ったときのメモ】

ルリビタキ：ツユクサみたいな明るい青。風にふかれて黄色のわき毛ちらり。杭や小石の上にのっかる。地面よりちょっと上が好き。

コルリ：北斎の絵に描かれるような青。藍染めみたい。暗いところが好き。長い足で地面をすいすい歩く。

オオルリ：その青、渡りの途中で海からとったの？　きらめく瑠璃色。木の上が好き。たまにはおりてきてはくれませぬか。

「瑠璃」とは、もともと仏教のお宝として珍重された鉱物の名である。洋名はラピスラズリ。ウルトラマリンとも呼ばれ、それはやがて、光沢のある深い青を表す色名となった。そんな宝石の名をつけられた、鮮やかなルリの小鳥たち。ところがその色をもつのはみな雄で、雌はことごとく枯れ草のような褐色をしている。いったい女子は遠慮しているのだろうか。あるいは男子めが調子づいているのでは……。

ほんとうのところ、その対照的な色には、男女のきずながしみじみと表れるような気がしている。目を引く者は、目の敵にもされやすい。実際、はなやかな雄のほうが外敵の目につきやすく、命をとられることも多いだろう。にもかかわらず、その羽に磨きをかけるのは、雌にえらばれるためにほかならない。雌は、美しい雄が好き。その恋には種の繁栄がかかっている。彼女のために、もっとすてきな色にならなくちゃ。雄の発色は、いろいろな意味で彼らの命運をにぎっている、と言ってよいかもしれない。

はたしてバードウォッチングでは、人気のおとる地味な雌はまわりにとけこみ、粛々と暮らす。雄にちょっと大きな顔をされても、その青を選ぶのは私たち。ひかえめな褐色に毅然とした女子の態度を見るような気がして、いいぞ地味ガール！と、おなじ女子として声援をおくりたい気持ちである。

すずめのユメ

羽をつくろう…
つくつく
ぼわわん
すっ
ええっ?
紅葉のじゅつを木からおしえてもらった
へんしん!
ひょえー
まぶしい!
ふふふ
ねぼけてる…

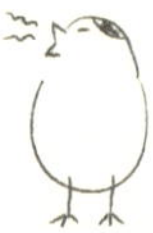
なんかいい夢みた気がする

すずめのユウウツ

葉っぱがおちている
つぎつぎに…
秋だね
ぼくらの羽もおちている
そーね
ちょっと飛びづらいよね
ふあん…
葉っぱがぜんぶおちるころには……
ぼくらもハダカに？
バサッ
ぜんぶはえかわってつやつやさ

ほんとかしら…
ふあん…

羽のこと

秋にスズメを見ると、尾の短い子がいます。つばさには隙間があいて、ちょっと飛びにくそう。日頃から水や砂を浴び、身ぎれいにしている小鳥たちですが、この時期になると羽は少しずつぬけ落ちます。でも、すぐに生えかわりますから、ご心配はいりません。小鳥たちは換羽をすっかり終えると、より美しく見えます。

鳥の羽は、生える場所によってさまざまな形をしています。飛ぶためのつばさの風切羽は細長く、左右が非対称です。振りおろすときは空気の抵抗で一枚板のようになりますが、振りあげるときにはそれぞれの羽がばらけ、風の通り道がつくられます。おかげで鳥たちが使う力は最小限ですみます。おなじく細長い尾羽は広げて減速、ねじって方向転換。操縦桿のような役割で体のバランスをとります。体に生える羽毛は小さく、ふわふわしています。内側の綿羽はことさらふわふわで、暖かい空気をとどめておくことができ、冬の防寒には欠かせません。暖かくなると、体の線がはっきりして見えるのは、空気をためないよう、羽をすっかりねかせているから。外側の羽毛は、皮膚を紫外線から守ります。ふっくらとまるい冬の小鳥、すっきりスリムな夏の小鳥。どちらも季節を感じさせる、好ましい装いです。

装いといえば、鳥の羽は機能的なだけでなく、見た目もたいへん瀟洒《しょうしゃ》であります。赤や黄、青といった鮮やかな色をまとうのは、ふつうは雄。雌は褐色で、あまり目立ちません。巣で卵を抱くのに、またひなを育てるのに、外敵に見つかりにくい保護色が良いようです。雄の羽色はさえずりとおなじように、雌へのアピール。その見た目には健康状態が現れるため、雌は色の良い雄を好んで選ぶと言われています。事実、赤や黄などの色素は、植物に含まれるカロテノイドという色素からつくられますので、鮮やかな色であるほど、栄養を摂取しているということ。青色は微細な構造によって生みだされる構造色と呼ばれるもので、羽に傷がつくとすぐに消えてしまいます。きちんと手入れされていないと、青には見えません。寄りあつまるスズメは揃いの色を身につけていますが、たがいに見分けはついているようです。鳥は紫外線を認識できるので、人にはわからないちがいが見えるのでしょう。

小鳥はほんとうに、さまざまな色を着こなします。黒と黄色のヴィヴィッドなキビタキ、紺に淡いグレーがシックなイカル、オレンジの華やかなコマドリ。人も、ふだんのコーディネートにそんな羽色をとりいれたなら軽快に、どこまでも飛んでゆけそうです。そう、まるで羽が生えたようにね。

KOTORI WARDROBE

— 小鳥ワードローブ —

春

KOMADORI

コマドリファッションのポイントはなんといってもオレンジ。
堂々とうたうコマドリ男子の力強さを
スカートにもってくれば、こわいものなしです

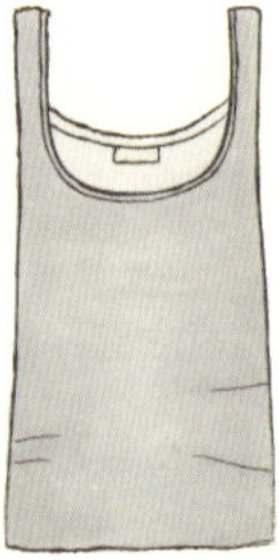

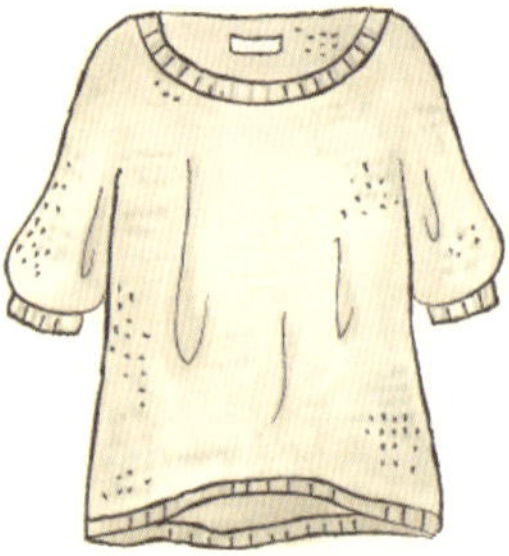

INNER

ニット下からグレーのキャミソールをのぞかせてコマドリのおなからしく。スカートのオレンジ色が引き立ちます

TOPS

透かし編みのニットでおなかの模様を表現。全体の雰囲気がやわらかくなります

SKIRT

コマドリ男子はうたいながら尾をひろげて求愛します。そんな情熱の扇は、まよいなくフレアスカートに

SHOES

背中とつばさの茶色が全体をひきしめます。そんな茶色をつかって、足もとすっきり

IKARU

ベーシックなカラーに黄色の鮮やかなイカルコーディネート。
おそろいの色をまとえば、
あつまるイカルの仲間に入れてもらえるかもしれません

INNER

ブラウスの中には白のキャミソール。下から少しのぞかせてつばさのワンポイントらしく

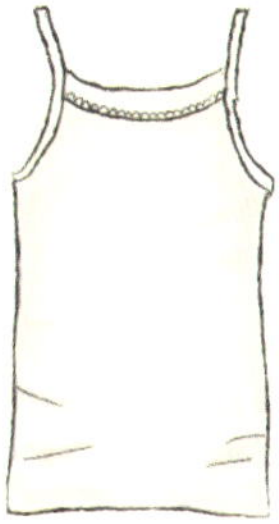

TOPS

お顔の青はトップスに用いて、きりっとした印象に。イカルの羽のようにシルキーなブラウスがおすすめ

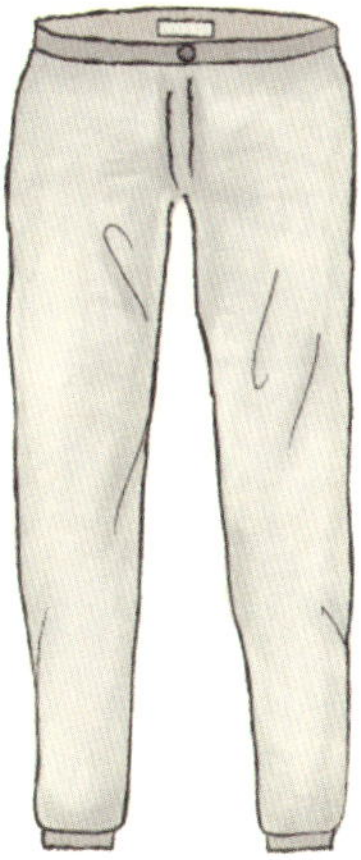

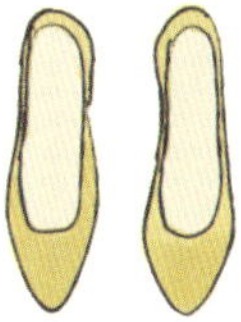

SHOES

硬い木の実もぽりっと砕ける大きなくちばし。存在感ばつぐんの黄色はポインテッドトウで決まり！

PANTS

イカルのももひきにならってパンツはライトグレーに。全体がやさしい雰囲気にまとまるイカルのベース色

秋

小鳥の肖像

Portrait *of* a Bird.

エナガ

表情の豊かさは
アイシャドーの効果かも?
キリッ、ショボン、キョトンに、
きゅん……!

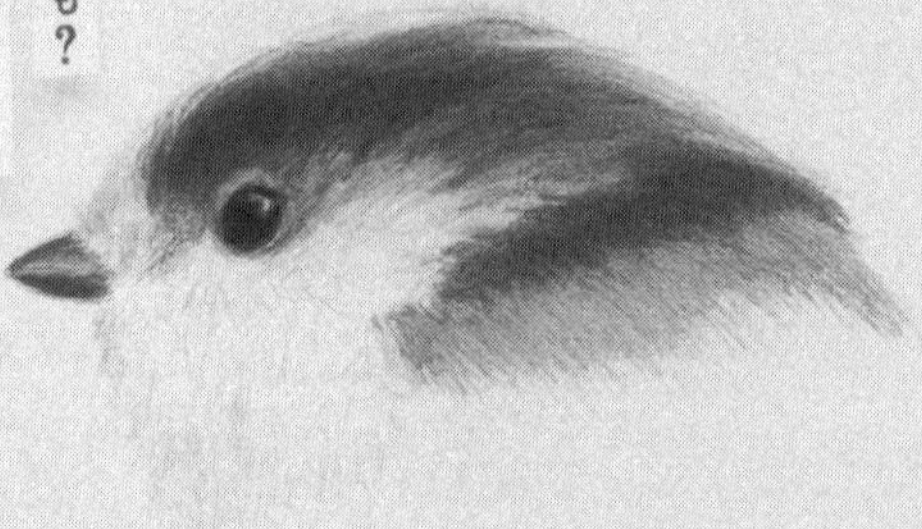

Enaga

- 横も前も、どこから見てもまるいお顔
- おちょぼくちばし。小粒の虫もひょいとつまむ
- 凛々しさがのぞく、モノトーンの頭
- オレンジのアイシャドーが流行るかもしれない

あたまが
くろぐろ～
くろも
すてきだね

ヤマガラ

ファニーフェイスといえば
このお方でしょう。
顔も声も、
愛嬌たっぷり。

Yamagara

- 黒い羽と絶妙に重なりあい、くるりとした瞳
- へんぺいぎみの頭。ときどきそこに重力さえ感じる
- 長く、やや太めのくちばし。硬い木の実を割るのも得意です
- 下くちばしの曲線が、たぶん笑顔のひみつ

コトリだって
さむいときには
まるくなる

三章

シミイル

桜のふところ

「最近は、ほんまに鳥がおらんようなった」。藤右衛門《とうえもん》さんはそうおっしゃって、眉を曇らせた。「渡り鳥は戦後はまだおった。あれから世の中は便利になったけど、自然から遠ざかって、いまは人間だけの世界になってる。せやけど人の命をつくるのは植物。その植物を育てるのは虫や鳥なんや」。今後が心配でな、とおっしゃる。

第十六代佐野藤右衛門さんは、昭和三年生まれ。京都・仁和寺に仕える造園業を営みながら全国各地の桜を守り、支えている。言わずと知れた円山公園の「祇園枝垂桜」は藤右衛門さんのお父さんが育て、いまは藤右衛門さんが守《も》りをしている。自然の桜を見るのが一番好きやけどな、といつかの桜を思い出すように遠くを眺められた。さまざまに交雑する自然の桜は一本一種。「そこにはかならず自然の営みがあるねん。営みいうのは、小鳥が種を蒔くいうことや。小鳥がおらなんだら、木は絶対生えへん」。

かくしゃくとした声を聞きたくなって、お電話をしてみる。「最近はほんまにおかしい」。きまってこの言葉から、いろいろなお話をしてくださる。ウグイスの声が聞こえ

なくなったこと。昔は甘かった地下水が、いまは渋くなったこと。冬がなくなったこと。藤右衛門さんが子供の頃は零下7℃くらいがふつうだったらしい。

祇園枝垂桜を見に行こうと思ってます、と言うと、幹が腐ったときは心配したけど、いまはだいぶようなった、とおっしゃった。まだ安心はできひんけど、と言いながら、少しほっとされているようだった。枝垂桜の種《たね》はもともと百ほど蒔かれた。しかし芽を出さないものや、枯れるものもあり、成長したのは四本だけだったという。自然の桜は小鳥がいないと生えない。里の桜は育てる人間がいないと、なくなってしまう。

その日、祇園枝垂桜のまわりには、たくさんの人があつまっていた。太い幹から滝のように花が流れ、ゆらりゆらりしている。満開である。八十年以上の時間をこの場所で生きてきた桜は、めまぐるしく移りゆく世界をどのように見ているのだろう。スズメやムクドリ、シジュウカラが木の中を行ったり来たりしている。ムクドリより少し体の大きな茶色がいると思ったら、冬鳥のツグミだった。冬を過ごすのに、京都のこの桜の木の下を選んだのだ。

とつぜん強い風が吹き、花がいっせいに木から離れた。ただよう花びらは桜のなみだにも、笑い声にも思えた。おとずれた人は桜の下で、わあと声を上げている。小鳥たちは桜のふところで、どこ吹く風である。

トリのことわざ1

トリって なかなか にんきだよ
なんでさ
トリをつかった ことわざが けっこうある
たとえば？
エヘン
いっせき にちょう！
おとされ てるやん
石で…
飛ぶトリを おとすいきおい
また おとされてるやん
バッ

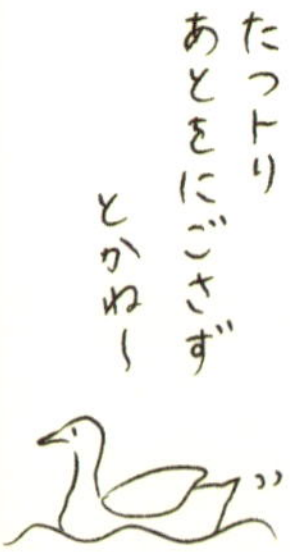

たつトリ あとをにごさず とかねー

トリのことわざ 2

たしかに おとされて ばかりだ
なにかじぶんで つくってみたらば
イチトリ ニフク!
一鳥二福
とか どうだろう
その ココロは?
みて うれしい
カワイイ!
じぶんで いってる
きいて うれしい
ラ〜ララ〜
ラ〜ララ〜
つられた

なんなら おどりも
じゃんっ

ハトたち

浜辺でドバトが寝そべっている。人を見ても動ずる気配はない。ニンゲンね、どうせ通るだけでしょ。世慣れしたハトは、体も都会のような灰色にそまっている。おなじ海岸にはその日、美しい緑色のハトがおりたった。ふだんは山で暮らしているけれど、ふしぎなことに春から秋にかけては群れで海に現れる、アオバトである。
波が岩礁にぶつかり、白く砕け散っている。二十羽ほどのアオバトの群れは何度か上空を旋回し、波のひいたのを見てやっと岩場に着地した。でこぼこした岩肌の上で慎重に足を運び、くちばしをくぼみにつける。荒々しい海と、のどかな雰囲気の山のハトは情景としてどこか折り合わないように見えた。いよいようしろで波がはじけると、群れはいっせいに岩をはなれ、山のほうへ飛んでいく。となりの岩場では、イソヒヨドリが大変そうね……と涼しい顔でハトらを眺めている。
ほどなくして別のグループがやってくると、どこからか現れた猛禽のハヤブサが、戦闘機のようにアオバトを追いはじめた。思わず目をそらしたのだが、その瞬間はすぐにおとずれ、ふたたび空を見たときには群れが、山のほうへ飛んでいくところだった。岩には一度もおりなかったようだ。すでに遠くに見えるハヤブサは、アオバトと見られる一羽を足に抱え、重そうに羽ばたいている。「そのへんにドバトはいくらでもいるのにねえ。アオバトばかり狙うんだよ」。そばで見ていたおじさんが言った。

ハヤブサに狙われても、波にのまれることがあっても、アオバトはやってくる。その理由にはひとつ、食生活が関係しているようだ。山にすむアオバトの主食は木の実。しかしその実には、体を維持するための塩分やミネラルが含まれていない。かくて生きるための栄養素を海水に求め、はるばる海へやってくるのだといわれる。

アオバトの横で、ドバトはずっとごろ寝である。しかし、歴史をふり返ると、都会のハトらもそうとう労を費やしてきた。紀元前から近代にいたるまで、人のために空を飛び、伝書を届けた。戦場の上も、飛んだのだ。時代ごとに困難を乗りこえ、命をつないだ。いまとなっては、くつろぐドバトこそ平和の象徴といえるのかもしれない。

アオバトみたいな色だったら人気でたかもねえ、とドバトに言ってみる。そんならわたしの足もと見てくれる？ というようにドバトは立ちあがり、とことこ海のほうへ歩いていった。灯台もと暗し。その足はじつにかわいらしいピンク色だった。波うちぎわの砂浜に、ピースマークの足あとがのこされていく。

ひよどりセンパイ1

ぺちゃくちゃちゅんちゅん。。。
コメかパンかまようところだ
日本うまれてきにはコメかな
さっきからぺちゃくちゃ
うるさいよ
バサササッ
わっ
ひよセンパイ
あっちへいきな！
キー!!
ひぇぇ〜
そこにいるのはわかってるんだ
でてきなよ……
カサッ

ひよどりセンパイ2

やぁ
もずくん
これはこれは
ひよセンパイ
あのコたちを
ねらっていた
でしょう
まーね
かわいくて
おいしそう
だったから
みのがして
やってよ
いいけど
あのコらは
センパイのキモチ
わかってないよ
ひよセンパイ
おっかない
いいんだよ
それで
センパイは
せっかちだから
しかたないよ

わかりにくい
センパイの愛
べつに…

空飛ぶおんぶ

春になると、ツバメは日本にやってくる。日本生まれのツバメは、自分の子もふるさとで育てたいらしい。東南アジアで冬を過ごしたあと、遠路をいとわず日本に渡り、子育てをする。帰ってきたツバメは、昔なじみの場所を選ぶこともめずらしくない。遠くに出かけていた友人が里帰りしたみたいで、見かけたら、よく帰ってきたねぇと茶を一服さしだしたくなる気分だ。

雄が先に到着して、後からきた雌とともに巣をつくるのだけれど、そのときにたがいの相性があえばつぎの年も、そのまたつぎの年も、夫婦としていっしょに連れそうらしい。ただし雄はより多くの子を、雌はより優秀な子をのこそうとする本能がはたらくために、ほかの者に気移りすることもあるという。いっしょになっても、なかなか油断できないツバメ夫妻である。

子が生まれると、ツバメは雨の日も風の日も食べものを運び、巣のまわりをパトロールするなどして、休みなく子の世話をやく。だれかのためにそそいだ時間を愛情とする

なら、ツバメのそれはまぎれもない、子に向けられた親の愛情だ。そのようにして手塩にかけられたひなは、晩夏ともなればもうほとんど一人前である。

子育ては日本で、という鳥はほかにもたくさんいる。美しい黄色のキビタキや青のオオルリ、羽衣みたいな長い尾をもつサンコウチョウも、みな日本生まれの小鳥である。たいていは山に入って、森林などに巣をかまえるのだけれど、ツバメは町にいるのが好きらしい。東京タワーのふもとで暮らすこともあるし、人だかりの商店街にもまよいなく飛びこんでいく。人間のいる環境は、カラスやヘビも敬遠するので、いくらかは安心してねむれるのかもしれない。

夏も終わりに近づくと、ツバメは街の電線にならぶ。その光景はまるで、空に浮かぶ五線譜だ。コドモのツバメがド♪にとまる。オトナのツバメは、ソ♪にとまってから、遠くのラ♪に飛び移る。飛んではとまって、また飛んで。思いがけないメロディが、つぎつぎと空に浮かぶ。四千キロの旅にそなえ、羽ならしをしているようだ。

さあ、ゆこう。思いをきめたひとつの音符が飛びだすと、ほかもいっしょに舞いあがった。みるみる小さな黒い点になって、青の中に消えていく。ツバメがいなくなったあとも、電線は変わらぬようすで、空に浮かんでいた。だけど音楽はもう聞こえない。電線は、ただの電線だった。ちょっとショボリである。

つばめ、空の手紙

おかえりー
ツバメさーん
今年もぶじ帰ってきてくれたねえ
ただいまー
今年も……
ひゅんっ
いいおわらずに行ってしまった
風みたい…
あいかわらずはやいね
よろしくー
あ、空につづき
こちらこそー
ときどき雲もつかうツバメッセージ
れしー

つばめ、空のラブレター

さりげなく
燕尾じまんする
つばめ夫妻

ごめんね文鳥

まっしろの羽にピンクのくちばし。夏目漱石が文鳥の姿に見たのは、淡雪の精である。私は、いちご大福を思う。ひなの頃から育てたからか、家禽としての本能か、白文鳥はトリとヒトという種の壁をすっかり越えて、人間とおなじように暮らしたがった。台所でも風呂場でも、人の行くところは、どこへでもついてまわる。手や肩の上にのって、居眠りをする。カゴの中に入るのは、ひどくいやがる。

文鳥はカゴを出てよく飛びまわった。同様に、床にいることも好んだ。なにをするでもなく、ただ床をつつくのである。人の足と衝突しそうになる。物心ついたときから人と暮らす文鳥は、身を守るということを知らないようだ。床は危ない、ということを教えなければならない。おりたらすぐに注意することだ、と思った。こうして文鳥にとって長くきびしい、指導の日々が幕をあけたのである。

コラ！と言われると、文鳥はおどろき飛ぶのだが、また舞いおりる。注意をつづけるうち、文鳥はまわりのようすを見るようになった。理由はともかく、おりると叱ら

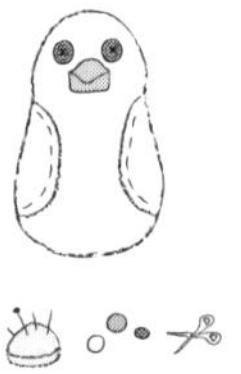

れることはわかったようだ。それでも最後は、こらえきれない。指導は空まわりだった。なぜこうも床におりたがるのだろう……。ふしぎに思いながら、月日は流れた。

それから、しばらく後のこと。旅先の南の島で、野にあつまる文鳥を見かけた。頬が白く、全体に黒と灰色が混ざっている。色こそちがうけれど、大きなピンクのくちばしに、ありし日の文鳥がかさなる。群れは、地面におりて草の実を食べていた。穀物を主食とする鳥たちは、よく地面におりる。スズメも、アトリもカワラヒワも、みな地面におりる。そこに生きる糧があるからだ。ご多聞にもれず、文鳥も地上で食べものをとる小鳥なのだ。そうか、だからあのとき文鳥は。

言うまでもなく家禽も家畜も、その起源は野生動物である。文鳥が日本にもたらされたのは17世紀頃ではないかと言われている。江戸時代には飼い鳥ブームもあって、さかんに飼われたようだ。時を超え、異国に暮らしても、野生からうけついだ本質は文鳥の中で変わることがなかった。例外なく、野から生まれた人類も身体《からだ》のどこかに野生の領域がのこされているのかもしれない。いずれにしても、文鳥の文鳥らしさを私はずっと否定しつづけていた、というわけである。

怒られるたび、文鳥は目をまんまるにして、なんだかワケがわからないといった顔をしていた。記憶のなかの文鳥は、あれからずっと首をかしげている。

ソトの世界

なーにしてーんの
羽のおていれ〜
てつだってあげよう
えいっ
も〜♡
……
ソトのコトリはのんきでいいわねえ
うふふふ
あははは
ブンチョちゃんあそぼー
家のコトリはひとづきあいがいそがしいよ
ハイハイ
あそぼうよう〜

あそブン

ブントワネットにはわからない

小鳥せんせい

モミジとイチョウの葉が落ちて、灰色の道路をかわいらしくしている。葉っぱはみな、隅にあつまって、カサコソおしゃべりしているようだ。「わたしたちさいしょはみずみずしい青だったわ。さいごは赤や黄にきがえて、ほんとのおわりには土とおなじ茶色になるのね、そこへ還るために……。ってここアスファルトやん！」などとのたまっているのではないか。秋になると少々の感傷が起こるのは、落ちゆく木の葉の影響かもしれない。そんなセンチメントも自然のことわりも、それとなく風や草木が教えてくれる。みんな、無言のせんせいである。

その冬は、オジロビタキという名の小鳥のせんせいがおとずれた。北国から海の上をひたすら飛んできたのだから、色とりどりの紅葉のパッチワークは小鳥をほっとさせたかもしれない。スズメよりも小さく、うすぐもりの雲をまるめたような姿。チキチキとおもしろい声をだして、尾をキャピッとふりあげるくせがある。まるい瞳の愛らしい小鳥は、広い公園の森の中、ずっとひとりで過ごしていた。

天敵のモズやハイタカもいた。その気配に気づくやいなや藪の中にもぐり、じっと息をひそめた。ヒヨドリの警戒音を聞くと、きりっと身をひきしめた。強い風に吹かれても、なんのその。細い足をきゅっと枝にむすんで、前を向く。オジロビタキはそのまるい目でいつも周囲を見張って、耳は耳で、どんなささいな音も聞きのがすことはないようだった。雪の降る朝、体はまるまると毛糸玉のようにふくらんで、キャピッとつきでた尾がよけいに寒そうに見える。木の葉の傘は少し小さく、ところどころに雪をかぶっている。羽の上の雪は溶けずに、しばらくのこっていた。

生きるものすべてに現在《いま》はとめどなくおとずれる。おとずれては去ってゆくひとつひとつの時間を、オジロビタキはまっすぐに生きていた。あるいはまっしぐら、と言ったほうが良いかもしれない。まずは生きていることをよろこびましょう。小鳥せんせいは、そう語っているようだった。桜が咲きはじめた頃、森をたずねるとせんせいの姿はなかった。故郷へ帰っていったのだろう。しかしその分身は、いまも心のなかに住みついている。二の足をふんでいると、Don't think! Feel! ぺしぺしっと、キャピの尾っぽではたいてくる。せんせいは人の手のひらにも満たないほど小さい。けれどずっと大きな世界で、力強く生きている。ははあ、おっしゃるとおりです、ぺこぺこと、こうべをたれるばかりである。

すきな絵 1

神坂雪佳「雪中竹」

すきな絵 2

ジャクチュウさん というひとを 知っているかい
ゆうめいな ひとだ
若冲さんね
あのひとの 絵もすき だなあ
い〜っぱい すずめが 飛んでるの
若冲さんて 市場でうられてる すずめを……
なに……
ドキ…
買いとって 庭にはなして あげたんだって
すてき!
雀冲さんて よびたい
やさしいよね

一羽だけ
白いすずめがいる
「秋塘群雀図」

渡りのこと

むかしむかし、渡り鳥にはさまざまな言い伝えがありました。ある時期になると姿を見せなくなるのは、ほかの鳥に変身するからだとか、小鳥は大きな鳥の背中にのって海を渡るのだとか。いまでは冗談に聞こえることも、当時はまことしやかに語られていたようです。

暖かくなり始めた頃、日本には「夏鳥」が渡ってきます。東南アジアで冬を過ごし、日本で子育てをする鳥たちです。日本の春は、冬眠から目覚めた昆虫が大量に発生するため、子育てをするにはもってこい。ツバメのほかにもキビタキやオオルリなど、さまざまな鳥が舞いおります。到着した頃、よく歌を聞かせてくれる夏鳥ですが、ペアになると、あまり声を聞くことはありません。巣を構えたり卵を抱いたり、新しい命を迎える準備に忙しくしているのでしょう。ひながぶじに誕生すると、こんどは子育てにつきっきりです。こうして小鳥たちの夏は、あわただしく過ぎてゆきます。

秋めいてくる頃、夏鳥は南へ向かいます。そしてロシアなどの北国からおとずれるのが「冬鳥」です。凍りついた大地に比べれば、食料が見つけやすい日本の冬。ツグミやジョウビタキたちは食べたり休んだり、その暮らしぶりをじっく

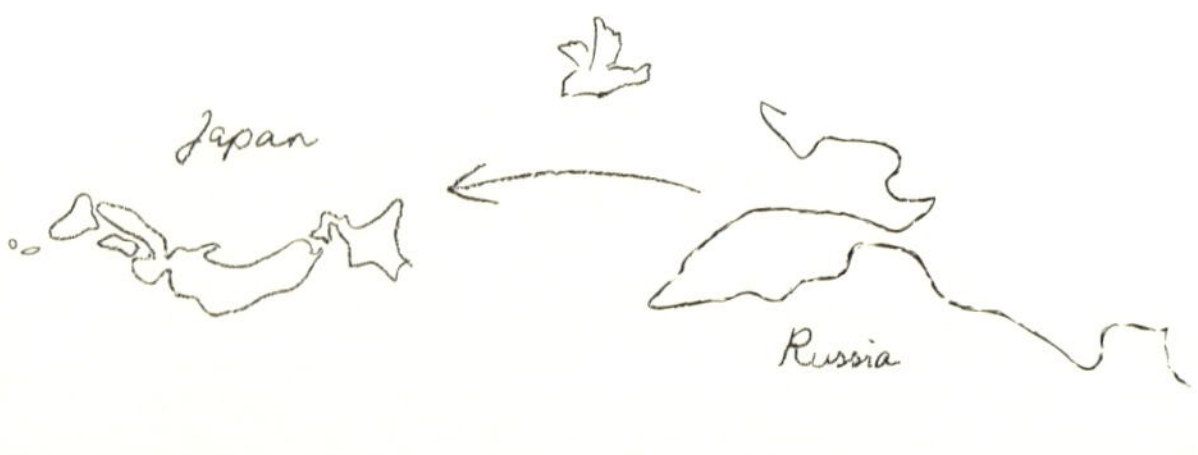

りと見せてくれます。梅が咲きはじめると、沈黙していた冬鳥が歌をつぶやいていることがあります。故郷で恋人に聞かせる歌を、ひそかに練習しているのです。

渡り鳥は森や川原など、それぞれの場所におりたちます。河原はときに氾濫でなくなることがありますが、街や森はそう簡単になくなることはありません。そのため、川原の小鳥は年によってすみかを変え、街や森を根城にする小鳥は、なじみの場所にもどることが多いと言われます。見知らぬ場所を不安に感じるのは、鳥だっておなじ。生活したことのある場所なら、どこで食べたらいいか、どのような生き物がいるかだいたいわかるので、それだけでも安心して過ごせるのでしょう。

鳥たちは渡るとき、昼間は太陽を、夜は星座を使って目的地へ向かってゆくそうです。タカなどの大きな鳥は衛星による追跡で、その経路が明らかにされていますが、小鳥の渡りはまだ謎に包まれています。わかっているのは季節になると日本をおとずれるということ。そしてまたかならず、旅立っていくということ。旅立ちの前、ツバメたちはひとところにいっせいに集合します。おびただしい数のツバメはまるで渡りのエネルギーをあつめているようです。その中にいたら、体が浮いてしまうかもしれない、と思います。このまま一緒に連れていって！　そんな気持ちにもなるのです。

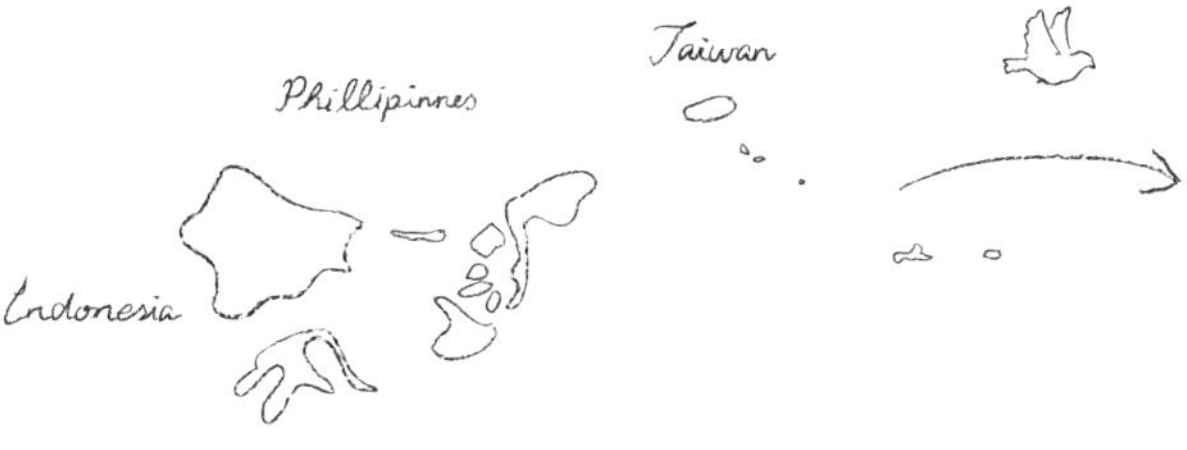

わたりゆく

昼と夜のあいだの空を　つばめが覆う
おとなのつばめも
春に生まれたうら若いつばめも
その日の宿を葦原にもとめ　やってきたのだ
晩夏になって　こんなに人気を得ようとは
おどろくように葦の葉が　ざわざわしている

空をうめつくすつばめたち
本に閉じこめられていた文字が　たまらず
わっと飛びだしたようだ
ちりぢりと　散らばっては
どっとかたまり　もうもうと渦をまく

夜の帳は　つばめを影に変えた
影になったつばめは疾風のように飛びまわり
一様に大きくなったり小さくなったりする
うっかり入りこんだコウモリは
ひょろひょろとよろけるように飛んでいる

すいすい　すらすら
夏の空気をぜんぶさらって
さあ　南へ

渡りのこと

小鳥の肖像

Portrait of a Bird.

ツバメ

風の通りみちをつくる、
なだらかなフェイスライン。
一見ふつうの口だけど……

Tsubame

・どこを見ているの？　濃紺にとけこむ瞳

・眩しいほどに、艶めく羽

・くちばしは、かなり大きくひらく。虫にはブラックホールに見えるかも

ヒタキ

まんまるの瞳が
愛らしいヒタキたち。
ヒゲで虫をからめとる
ワイルドな魅力も。

Kosamebitaki

・まわりが白いと、より大きく見える瞳。びっくりしているようにも
・よく見ると口のまわりにヒゲ。虫はここにひっかかる
・細くて長めのくちばし。大きくひらいて虫をひとのみ

ぼくらに
ヒゲはないが
あごヒゲの
もようはある

せんりの海も
希望があるから
わたるのさ

四章

タノシム

いいおハシだね

細いのがいいらしい。ひとつぶの豆でもつまみやすく、魚の身もほぐしやすいのだという。「和食党だからさ」。そう言って友人は、全体にスリムで先の尖ったお箸を選んだ。それは、シギのくちばしみたいだった。

箸食の文化は東アジアを中心に発展したと言われる。食べものの橋渡しをしていた手はいつしか体をはなれ、箸という道具になった。その形は、国によっていろいろである。たとえば中国の食卓では、太く、長いお箸がよく使われるようだ。大皿の料理をみんなで囲むので、遠くからでもしっかりと料理をつかめるよう、そのような形になったらしい。韓国のお箸は、先端が平たくなっている。キムチやナムルなどの野菜料理がとりやすい形だという。先のとがった日本のお箸はこまわりがきいて、小さなものもあつかいやすい。なるほど、豆や魚を食べるのにうってつけである。お箸はそれぞれの食文化によってさまざまに形を変えてきた。

切ったり、つついたり、ほじくったり。まったく鳥もそのようにくちばしを使い、

進化させてきた。太いのもあれば、細いのもある。短いのも、うんと長いのもある。よく見ると、みんな自分用にぴったりのおハシをもっているようだ。

万能なおハシをもつのは、スズメかもしれない。太くも細くもなく、小さくも大きくもない。虫も草もパンもなんでも食べる、好ききらいのないスズメらしいおハシである。花蜜を好むメジロは、細長いくちばしを花の中にすっと差しいれ、蜜を食べる。花びらは散らされることなく、食べおわりの行儀がよい。アトリやカワラヒワのおハシは、端正な三角形をしている。シャープなくちばしで殻を割って、小さな種子を器用に取りだす。木の実もよく食べるシメやイカルのくちばしは太くて大きい。大きな種子を割り砕くのも、おやすい御用といった感じだ。虫食の小鳥たちのおハシはどうか。ツバメやヒタキ、ムシクイなどのくちばしは一見細く、小ぶりに見えるけれど、長さがあるので開いてみると中の空間はとても広い。さっと虫をつかんで、パクッとひとくち。お口も汚れない。

このように鳥のおハシを見ていると、そこのあなたも、そっちのあなたも、いいおハシもっているねえ、とつい声をかけたくなる。そんなことで自分用にもなにかひとつと、太くも細くもない、どこかスズメらしいお箸を選んだ。ごはんをひとつぶつまむと、それをついばむスズメをふと思いだす。なかなかいいお箸である。

だれがたべた

月が星をたべだす
かもしれない

背くらべ

ぼくらは えながっち より……
大きいね
ひよセンパイ よりは……
小さいね
ぼくらはどっちが 大きいだろう
じっさい…
背くらべ してみようか
……
……
スッ

どんぐりの。。。

むっくんのこと

「椋鳥《むくどり》と人に呼ばれる寒さかな」と、小林一茶は詠んだ。田舎者ってムクドリみたいにうるさいね、と江戸っ子に揶揄され、冬の寒さもいっそう身にしみるよ、となげく詠である。今も昔も、ムクドリのやかましい印象はそう変わらないようだ。

ひとびとに求められた時代もあった。米や野菜についた虫を食べるので、ありがたがられもした。しかし里山も少なくなり、都会では彼らのシゴトはあまりない。残念ながら、いまは寄りあつまってガヤガヤと騒がしい、迷惑者になっているようだ。

友人は、夜になるとムクドリの大群が近所にやってくるので、おそろしがっている。駅前の木が伐採され、宿をなくしたムクドリ衆は、彼女の家の前の電線で寝泊まりするようになった。夜中にふと目覚め、うっかり声を漏らしたムクドリが、ひとり、またひとりを起こし、キュルキュルピーと、部屋にいる彼女まで起こすと言う。

人とおなじように、鳥もあつまることで、ある種の安心を得るようだ。思いのほか善良な鳥だと気づかされるのは、集団のひとりを知ったときである。群《ぐん》の中において、

個はゆるやかに埋もれていく。そうしていつのまにか近寄りがたく、得体の知れぬものに変容するらしい。ここでは春に出会ったひとりのムクドリ、通称むっくんの話をしようと思う。子育てを前に群れをはなれた、あるムクドリ夫妻の話である。

あおあおとした芝生に、タンポポの黄色が点々とちらばっている。点描画のおもむきの公園を二羽のムクドリが歩いている。オレンジ色のくちばしで土をほじくり返しては、虫をつまみだしている。雄は羽をふくらませ、少々くたびれているように見えた。怪我をしたのだろうか、足を引きずっている。ムクドリは雌雄どちらも似たような見た目だけれど、雄だとわかったのは歌をうたっていたからだ。となりを歩いている雌は、ときおり雄を気づかうように立ちどまり、歌に耳をすましている。いつもとはまるで別人の、それはやわらかな美しい歌声。思わず目を向けると、つとだまりこんでしまった。いままで聞くことがなかったのも当然かもしれない。むっくん、あなたのその声はだれのためでもない、奥さんだけのとっておきなんだね。

休み休み歩く夫に、妻は寄りそい、歩いている。遠くから人がやってくるのを見て、樹上にさっと飛んだ。ふたりならんで枝にとまり、静かに目をつむった。群れからはなれたむっくんは、穏やかでつつましい。そしてときどき、すてきな歌をくちずさむ。

「椋鳥のやさしき声に春きたる」と詠んでみる。

あまい夫婦

あたたかく なってきた
なんだか いいにおいも するよ
みつおいしー
お花のにおいだ
あまいね
おいしいね♡
かふんが ついてるゾッ
えっ
はずかしー〜
めじろ夫婦って あまいものばかり たべてるから…
えへへ
うふふ
あんな すいーとなの だろうか
そうかもねえ

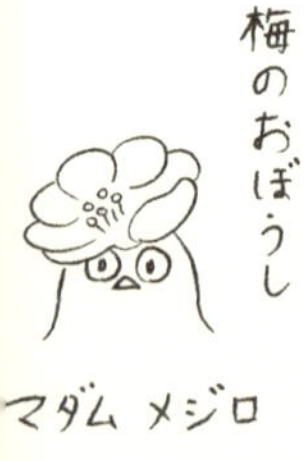
梅のおぼうし
マダム メジロ

ほろにがい夫婦

わたしは
にがいのも
すきよ
ズシンッ
なんや！
なんや?!
なんや！
なんや！
なんや
なんや
……
……
ひよセンパイ
らしいね

木の実ねっくれす
マダム ヒヨ

沈黙のとき

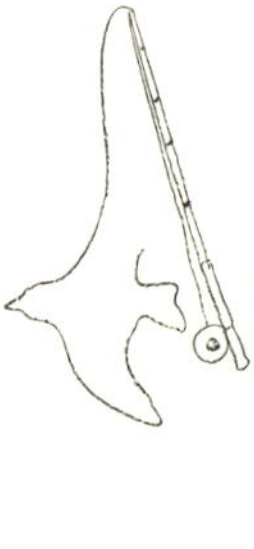

フライフィッシングの楽しみは、物語を描いていくことだという。魚の好むフライ（毛針）を選び、魚の好きそうな場所を探る。そのかけひきが楽しくてたまらないのだと、車を走らせながら、知りあいの釣り人は熱く語っている。フライフィッシングとは渓流でおこなう釣りで、虫に似せた毛針をつかって魚を獲る。イワナやヤマメなど清流の魚と出会うことができたら、その物語はハッピーエンド、というわけだ。

川の起点をめざして、車は山をあがっていく。道はみるみるせまくなって、行きどまりのところで、エンジンが止まった。木の葉のつくる光の地図をクロアゲハがいったりきたりしている。真夏とは思えないほどあたりはひんやりして、また、静まりかえっている。夏の山で小鳥の声を聞くことはあまりない。たいていの小鳥は子育てにかかりきりで、声をだすひまがないからだ。

知人は手に持っていた木箱をおもむろに開く。中をのぞくと黄色やオレンジなど、小さな耳飾りのようなものが順序ただしくならんでいる。鳥の羽根やファイバーでできた毛針だ。「今日はこれかな」。選んだのは、黒とピンクのヴィヴィッドな毛針。水中の魚からは、これがアリに見えるらしい。

胴長靴を履いて川へ一歩踏みだすと、腰につけた熊鈴がちりんと揺れた。ホ〜……ホケキョッ！　その瞬間、威勢のよい声が渓谷に響きわたる。夏の沈黙をやぶったのは、ウグイス。その声を、ようこそ！と聞いてみたりする。なわばりに入って怒られた、と思ってみたりもする。それとも、奥さん募集中？　夏のホケキョに思いはめぐる。

ウグイスの雄は夏場でも新しい伴侶を求め、うたうことがある。生まれても、巣立ちを迎えられるひなはわずか3割。藪につくられるウグイスの巣は地上との距離が近いこともあり、ヘビやイタチにしばしば襲われるという。ウグイスの未来は、ホケキョにかかっている……。そう思うとホケキョを聞くたび、がんばれウグイス！とエールを送りたくなり、釣り竿を持つ手に力が入る。

魚はちっとも釣れなかった。雑魚だけど……と、知人はカワムツをとって見せてくれた。川からあがって歩いていると、目の前にひょっこりと黄色の小鳥が現れる。キセキレイだ。ちょうど木漏れ日のさしたところに立っていて、スポットライトが当てられたようである。「この小鳥、目の前によく出てきて道案内してくれるんだよなあ」。知人は言う。ひょこひょこゆれる尾にまねかれ、山をおりた。

COOLなセキレイ1

あつ～
あついね
むむっ
風を感じる
すずしげだねえ
ひょこひょこ
すたすた
というより
すずしー
ちょ…ちょっと
ん？
♪♩♫～
も～

夏はコンクリートがあつすぎる
あちっ

COOLなセキレイ2

わたしに
なにかよう?
あの
えと…
尾っぽの
風にあたり
たくて…
その…
あついので…
フイッ
おこらせ
ちゃった…
とくべつ
さーびす

じゃんっ
尾っぽうちわ

富士の道の、そのまた向こうの

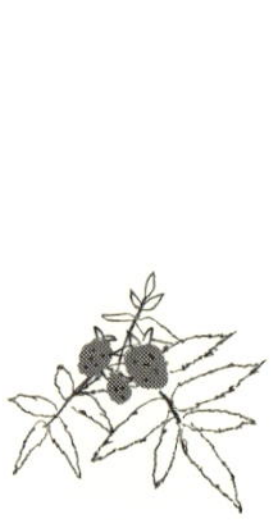

富士山で調査をするから、手伝ってくれない？と知り合いの熊の研究者から声をかけられた。夏の植林地に見られる動植物を調査するのだという。街にないもの、いっぱい見られるよ、との話。いい野遊びができそうだ、とふたつ返事で引き受けたが、到着して、遠足気分は吹きとんだ。前にも後ろにも、そこには道と呼べるものが見当たらないのである。ＧＰＳがあれば平気、平気。そう言いながら彼女は、ぼうぼうの草木をナイフでざくざく切って、進んでいく。そうそう、熊鈴と熊撃退スプレーは忘れずに。こともなげに、そう言うのである。

　平らにならされていない地面は、歩くのがやっと、という感じだ。シダは足をのむように生え、野イチゴの棘は容赦なく突ついてくる。服を着ていても、ほとんどまる裸の気分。足だけでなく、片手を地面につくなどして三点で移動すると、ずいぶん動きやすくなった。四本足の獣の世界なのだ。いまこの瞬間、熊に会わぬよう、負傷せぬよう歩きつづける。それ以外の思考は徐々にかすんで、消えていく。疲労で肉体が重くなるいっぽう、歩くほどに気持ちが軽くなっていくのは、そのせいかもしれなかった。

山から出ていつもの生活にもどると、かたく締められた体のネジがゆるんでいくようだ。富士の道（道はなかったけど）には、もう行くまい、と思う。ともあれ、ここでは熊に襲われる心配はないし、舗装された道はすたすた歩ける。そうして町の安全をかみしめていると、不意に、むかし家で飼っていた白文鳥の姿が思い出された。

あの日もたしか夏だった。空を見た瞬間、文鳥は矢のように外へ飛びだしたのである。外の木は、家のとまり木のようにまっすぐでもなければ、安定もしていない。色素の欠けた白い羽は、日光にも磨耗にもめっぽう脆い。その夜、カラスはガーガーと鳴いていた。あくる日になって、文鳥はぶじに保護され、帰宅した。疲れきったようすで、胸にはぽっかり十円ハゲをこさえていた。その後、二度と外に出ることはなかった。

おなじようにこの世界に飼い慣らされた自分が、しかし、いまとなって富士の道に思い返すのが、苦い記憶でないのはふしぎなことである。胸にきざまれたのは、イチゴの棘よりも、ルビーのような赤。体の疲れよりも、雲が晴れたようなあの気持ち。人と自然のあいだの富士の道、そのもっと向こうがわには、いったいなにがあるだろう。イイカゲンな記憶のおかげで、またなんでもできそうな気がしている。こりないヒトねえ、と文鳥からは呆れられそうだ。

ワイルドにあこがれて

ぼくはこう見えてワイルドだよ
そうなのかい
くちばしがブキになる
ベリッ
木の皮をはぐぜ!
ぺっ
わ、ワイルド!
木の実もさしちゃうんだぜ!
ブスッ
ああっ
……
とれない…
まぁあるいみぼくらはワイルドさ
野生だし

こうしてみる
ILD
ぶー

対決の日

ねことの対決の日がやってきたね
ついに…
うむ
足でつかめばきっとたおせる
たしっ
さいしょがかんじんだね
いざっ!
わーしっぱいー
ぴょんぴょん
ん?
ねこじゃらしカクホ!
おいしー

あのときの小鳥さんですか？

ぼくが体験したコワイ話をするよ。その木は、いうことなしだった。葉っぱもよくのびていて、安心して羽休めできていたんだ。でも下をのぞいたら食べものがあったので、思わず飛びだした。そのときだよ、巨大などうぶつに出くわしたのは。じっとにらまれ、びっくりぎょうてん。足がすくんで動けなくなってしまった。まあ相手は羽もなかったし、さいごは飛んで逃げたんだけど。地面におりるときには気をつけないといけないよ……。（5月　東南アジア在住／小鮫鶲《こさめびたき》さん）

ぼくもおなじような体験をした。けど、そんなにおそろしくもなかったよ。大きくても静かなどうぶつだったから。ぼくらが来るころって葉っぱも閑古鳥のところが多いから、姿が目立つらしい。はじめは気になったけど、見るだけならまあいいかと思って、好きにしてもらったんだ。（11月　カムチャツカ在住／尉鶲《じょうびたき》さん）

日本をおとずれる小鳥用の掲示板があるなら、公園で出会ったヒタキの小鳥たちはいまごろこんな書きこみをしているかもしれない。子育てにやってくる夏鳥のコサメビタ

キも、越冬しにやってくる冬鳥のジョウビタキも、どちらも英名でflycatcherといわれるだけあって、飛んでいる虫をつかまえるのが得意な小鳥たちである。和名のヒタキは「火焚き」に由来していて、ときおり発するカッカッという、火打石を打ち鳴らすような声にちなんでつけられたといわれる。その名を冠するのは、どちらも色を表す言葉。サメは鮫色で、ジョウは焼けた炭などに見られる灰色のことだ。

　ヒタキたちは空中に飛ぶ虫もさることながら、地面に這う虫もよく見つけるので、しばしば木からおりてくる。しかし、スズメのように長居することはなく、おりるのはほんの一時《いっとき》、虫を見つけたときである。狩りに夢中になるあまり、人の気配に気づかずおりてきて、くだんのコサメビタキやジョウビタキのようにばったりと出くわす……そんなことも珍しくない。そのときの反応は十人十色で、体を震わせおののくものもいれば、我が事をたんたんと続けるものもいる。

　そのような人柄ならぬ、小鳥柄を知る機会にめぐまれると、少しお近づきになった気分。また来てくれるかしらと、季節がめぐるたび期待する。姿がおなじようでも、ひとめ見れば、あっと思い出せるのでは、と胸をふくらますのである。ひょっとして、あなたはあのときの小鳥さんですか？　そんな再会をこの春は、この冬こそはと願う年々歳々である。

ジョーを見れば

あっ ジョーさん
きてたんだね
キリッ
Jobitaki
ジョーさんが いるとなんか あったまる～
ワカル
ジョーさんの だいだい色は 冬の日だまりだ
柿みたい でもある
そうだそう
ほわわん
みかんみたい でもある
ぐー
おや。
ぐー

Jobitaki
Mikan
Kaki

びたきのたきび

あの〜
あの〜
あったまらせて もらっても いいですか
いいけど たきび じゃないよ
にてるけど…
ぴと
アリガトー
こ…これは
ぴと
ぼくがいちばん あったかいの巻〜
ホカホカ

ジョーさん ものまね十八番 「火打ち石」

小鳥はアレグロのように

幼い頃、家にいたカナリアは、人のことが苦手だった。カゴの隅のほうで身をすくめ、いつも人を避けていた。ところがピアノの音を聞くと、おなじ鳥とは思えないほど凛とする。背すじをぴんと伸ばし、声高らかに、うたうのだ。

学生になると、家には白文鳥がいた。文鳥は人のこともピアノの音も好きだった。雌の文鳥だったのでうたうことはなかったけれど、よく肩にとまって、耳をすませていた。お気に入りのシューベルトの即興曲を弾くと、音につられ、いそいそとやってくる。ただ、その曲はとても速いので、手が動きはじめると、きまって文鳥がずり落ちるのである。せっかくだから肩にのっていられるテンポの曲を、と思った。アダージオなんかいいかもしれない。「ゆっくり」を表す音楽用語は「くつろぐ」という意味のラテン語に由来する。あるいはそのくつろぎのリズムに文鳥はねむってしまうかもしれない。くく、とほくそ笑んだ。演奏を始めると、しかし文鳥はあっけなく飛び去って、すっかり関心を失ったように、遠くのほうで羽の手入れをするのだった。

心のうつろいも、ひとつひとつの動作も、すべての営みが機敏である。さえずりをピアノで再現するなら、きっと速すぎて指がもつれてしまうだろう。人の耳では聞きわけることのできない微細な音を小鳥は聞きとり、また声にする。音の時間的変化をとらえる時間分解能が、人よりずっと高いという。小鳥にとってアダージオはゆっくりすぎて、いったいなんのことかわからないのかもしれない。思い返せば文鳥はいつだってアレグロの即興曲を熱心に聞いていた。カナリアは、速まるメロディに夢中になって、のどをふるわせていた。たしか、あのとき弾いていたのも即興曲だった。ショパンの、テンポはAllegro Agitato（速く激しく）。

手のひらにすわりこんだ文鳥の鼓動が、皮膚に感じられた。それはとても小さく、せわしなく動いていた。すべての生きものにとり、日がのぼってまたしずむのはおなじ現実だけれど、それぞれ異なる時間を生きている。人間のたった一日は、あるいは小鳥にとってはものすごく長い時間なのかもしれない。

たったいまそこにいたのに、もういない。さっきまでご機嫌だったのに、あっというまにそっけない。それでもお気に入りの曲が弾かれるあいだはじっと、耳をすませていた。そのときばかりは、小鳥とおなじ時間を過ごせていたのだろうか。アレグロの即興曲を弾くたび、めまぐるしく自由に生きる小鳥を思い出す。

冬のモーメント

さぶー
…ねぇ
ちょっとふとった?
これは羽だもの
きみこそ
そーかなー
これも羽だよ
からすだよ
カァー
びくっ
しゅっ
羽だ
羽だね

ウルトラライトダウン!

すずめチークはいかが

な……なにその黒いの
じり……
ぎゃー
ぺと
なんなの
いったい……
ぺと
あら…なんだかすてきよ
でしょ
すずめチークさ

すずめサイコー

暮らしのこと

うたって踊る、春。子育てに奔走する、夏。めまぐるしい季節を終えると、小鳥たちはみなそれぞれの生活にもどってゆきます。メジロやヤマガラはひきつづき夫婦で過ごすことも多いようですが、セキレイやヒタキの小鳥はひとりになります。スズメやムクドリは、仲間であつまるようになります。エナガやシジュウカラは、そこにたまにコゲラが入るなどして、ちがう仲間でしばしば混群をつくるようです。

みんなでチュンチュン。スズメがおしゃべりなのは、たがいに情報を伝えあっているからかもしれません。あつまる小鳥は食べものや寝どこの場所を教えあい、また注意しあうなどして危険に備えます。混群の小鳥たちは上手にすみわけをしているようです。エナガは木の上、シジュウカラは下のほう、コゲラは木の幹。そのため、食べものをはげしく奪いあうということはありません。

あつまる小鳥は活気にあふれています。そのおしゃべりは、情熱的なさえずりとはまた異なる雰囲気。にぎやかながら、どこか沈静のおもむきがあります。観察していると、おなじように見えるスズメも、それぞれの個性が浮かんでくるでしょう。内気な者、勝気な者に、お調子者。小鳥も十人十色であることが

よくわかります。目をはなすとだれがだれだか、おしまいには見分けがつかなくなりますが、ひとりにとらわれず、あっさりとお付きあいできるのも、群れの良さといえます。

ひとりで過ごす小鳥は、おもに虫をとって暮らします。セキレイやウグイス、また、ジョウビタキなどのヒタキたちです。動かない植物とちがい、昆虫は見つけたときが勝負のかけどき。貴重な食料をめぐるライバルはひとりでも減らしたい。そのため単独でなわばりをもち、そこへ入ってきた者は、たとえおなじ仲間であってもきびしい態度で追い返します。

幸運なことに、人はそこにいることを許してもらえるのです。特にルリビタキやジョウビタキは表に出てきてくれるので、ふたりきりで過ごすことができます。なわばりもだいたい決められているため、そこへ行けば会えるということも少なくありません。通えば顔見知りにもなり、近くで見つめあうということも日常的に起こるでしょう。

それもほんの一時《いっとき》。季節がめぐるとひとりの小鳥、あつまる小鳥も夫婦となって、人の立ち入る間はなくなります。でも春の歌声は、やっぱり待ち遠しくて……。小鳥の暮らしは種々様々にして、四季折々。それはまさに、いとをかし！なのであります。

コトリノソウシ

春はさえずり。
やうやう大きくなりゆく歌声、
すこし下手もありて
めぶきたる野山にいみじく響きわたる。

夏はひな。
巣立ちの頃はさらなり、
公園もなほ　ひなの多く飛びちがひたる。
また、ただ一羽二羽など、
すこし身をよせあうもをかし。
うとうとするも、をかし。

秋は換羽。
羽の生えかわりにいとうとうとしくなりたるに、
羽づくろひとて、三つ四つ、二つ三つなどぬけおちるさへあはれなり。
まいて飛んで着地したるが、いとおぼつかなく見ゆるは、いとをかし。
古衣はてて、つややかな羽、あざやかな羽など、
はた言ふべきにあらず。

冬はふわふわ。
ふくら雀は、言ふべきにもあらず。
腹のいと白きも、またさらでもいとふくらみ、
火など起こした、炭のうえの餅をおぼゆるも、
いとつきづきし。
昼になりて、ぬるくゆるびもていけば、
羽も、しぼみがちになりてわろし。

羽も
いいけど

あしもいい

ふわふわの羽からすっきりとのぞく、棒のような足。
やわらかな羽毛にしばしばうもれがちですが、
その体をしっかりと支える、堅実な足も見逃せません。
小鳥をいきいきと、表情豊かにさせるのは、足の妙とも言えましょう。

ふつう
定番のポジション

うちまた
あしをかさねるしおらしさ

まごので
かゆいところにはあしが届く

ばれりーな
ストレッチはつばさもごいっしょに

そとまた

かわいいと
かっこいいのあいだ

せのび

ももひき見られる
チャンスだよ

せくすい

無意識なところに
おもむきあり

オン・ザ・ステージ

うたっているときは
あしも主役

休けい

いつでもうごけるように
片方はだしておくのさ

すいみん

羽で包まれたなら
あしたもがんばれる

たまには
ナナメにいってみる

interview

動かぬ鳥たち

〜鳥類学者
川上和人先生にうかがう、
鳥の内面のお話〜

Incredible birds

羽をひらりとひろげ、空を自由に飛ぶ鳥たち。
風のようにやってきて、あっという間にいなくなる。
いまのは妖精？　それともまぼろし？
つかみどころのない姿に、空想はひろがります。
けれどもそれは、外から見た印象にすぎません。
やわらかに見える羽の中身は、実は隆々の筋肉。
その筋肉を支えるのは、軽量にして丈夫な骨です。
まるでムダのない、機能美の極みともいえる鳥の体。
その実体に目を向けたとき、きっとまた、
違う世界が見えてくるはず……。
そうして真実を知るべく、
鳥類学者の川上先生のもとを訪ねました。
「それなら、実物を見るのが良いでしょう」と、
案内いただいたのは、骨や剥製が保管された標本庫。
そこは、動かぬ鳥が静かに語る、ふしぎの部屋でした。

川上和人
（かわかみ・かずひと）
1973年大阪府生まれ。農学博士。国立研究開発法人 森林研究・整備機構 主任研究員。著書に『鳥類学者 無謀にも恐竜を語る』『そもそも島に進化あり』（以上、技術評論社）、『鳥類学者だからって、鳥が好きだと思うなよ。』（新潮社）など。学問の楽しさ、研究のおもしろさを、だれにでもわかりやすく伝える。『講談社の動く図鑑MOVE 鳥』（講談社）など、図鑑の監修も多い。

エナガの頭骨。

ひんやりしていますね。

川上 中は、20℃ほどに保たれています。湿度は常に50％以下です。害虫やカビの発生を防ぐためですね。さて、これがエナガの頭蓋骨。手にとってみてください。

えっ……。エナガの頭って、こんなに小さいのですか。本当に？

川上 思いのほか小さいですよね。

あまりの小ささに、実際の大きさと結びつきません。よく実寸大の写真に指をあてて、「エア小鳥」をするんです。小鳥が指にとまったことを想像して、うわ、小さい！　かわいい！　と、一人で遊んでいます。でも、中はもっと小さいとは……。見た目の大きさは、ほとんど羽毛のふわふわではないですか！

川上 そう、みんな羽毛で大きく見えてしまうのですが、鳥って本当にコンパクトにできている。例えば骨も、体を軽くするために、中は空洞化しています。

羽のように軽い骨なんですね。さすが飛ぶためのカラダ。

川上 飛ぶために重要な骨と言えば、こちらの胸骨です。

聞き手 …中村文

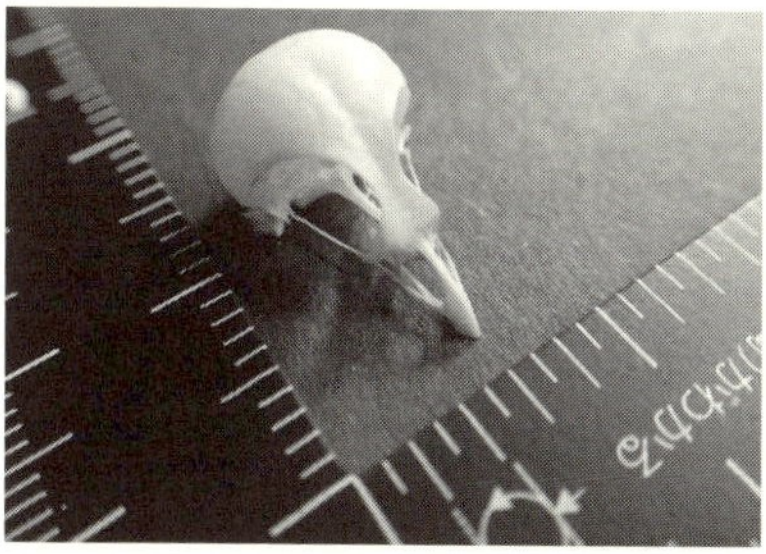

エナガの頭骨。くちばしの先から後頭部まで1・5cmほど。手にのせても、重さをまるで感じない

なんという立派な骨！　船の形に似ています。

川上　胸骨には、羽ばたくための筋肉が付着します。種によっては体重の約30%を占める大きな胸筋です。それを支えるため、骨も進化したんですね。この部分は船の竜骨《りゅうこつ》に似ているので、竜骨突起とも呼ばれます。

大きいですね。

川上　これはツルの胸骨なのですが、内部に気管が入りこむんです。ツルの気管は長く、この中でホルンのようにとぐろを巻くほどですが、気管が長いことで空気が通る経路が伸び、声を変調させることができるんです。

人間の気管は、喉からまっすぐ肺へ伸びていますよね。

川上　鳥は気嚢《きのう》という独特の呼吸器官をもっていて、二酸化炭素が肺の中に逆流しないようになっています。肺には常に酸素が供給され続けるので、あれだけ羽ばたいていても運動効率が落ちない。鳥の体の中には、そんな気嚢がたくさんある。つまり、体内のあちこちに空洞があるんです。気嚢は胸骨の下にも入りこんでいて、そこにも空洞がある。おそらくツルは、その空間を使って音を共鳴させているんです。胸骨は体の中で一番大きく、硬いので、音を振動させやすいですからね。僕はそう思っています。

はー、なんだか鳥の体そのものが、楽器みたいですね。

川上　次に足の骨を見てみましょう。乾いた素麺のような細い骨がたくさん

竜骨は船の横ゆれを防ぐために、船体の下に突き出ている板状のもの。胸骨の突起は、船の竜骨に似ていることから「竜骨突起」と名付けられた

出ているでしょう？　これは腱なのですが、もともとコラーゲン繊維だったものが、年をとると、こんなふうに骨になるものがいるんです。足だけでなく椎骨などでも見られる現象で、長生きをするツルの仲間やキジの仲間などに見られます。

しっかり生きてきた証が、骨に残されているんですね。骨を見るのは少し緊張していたのですが、外見ではわからないことが見えて、感動です！

川上　そうでしょう。僕は生きている鳥より、骨のほうが好きです（笑）。

標本は語る

骨を見ていると、やわらかな羽毛が儚くも思えますね。

川上　そうですね。でも剥製にすると、保管状況さえ整えば羽毛も半永久的に残せます。ここには１００年くらい前の剥製もありますよ。

ほんとうにみんな美しいままです。キツツキの尾も硬いことがよくわかりますね。

川上　アカゲラは一般的なキツツキの一種ですが、その剥製を見ると、尾の先端が擦り切れていますよね。木に縦にとまるとき、ちゃんと尾で体を支えていたのがわかります。

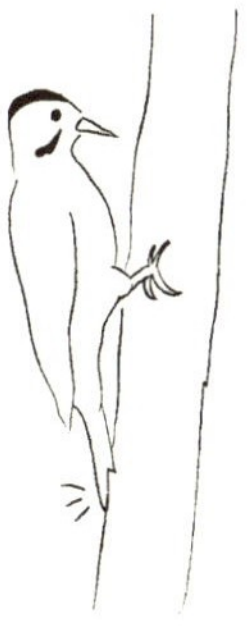

木にとまる
キツツキ

尾といえば、セキレイを思い出しました。あの尾っぽひょこひょこは、尾自体というより、腰の方から動かしている気がするのですが。

川上　おそらく尾端骨《びたんこつ》ごと動かしていますね。確かセキレイ類はこのへんに……。あっ、ツメナガセキレイの爪、見てみますか？　本当に長いですよ。ヒバリもですが、彼らは地上性が強いので、足の裏の表面積を広げているんだと僕は思っています。

足も尾っぽも、すんでいる場所によってぜんぜん違いますね。みんな、それぞれの環境に合わせて生きているのがよくわかります。

川上　アマツバメの足も、形態的におもしろいですよ。ふつうは鳥の足は、枝をつかむために前ゆびは3本、後ろが1本ですが、アマツバメは全部が前を向いています。皆前趾足《かいぜんしそく》と言うのですが、崖にゆびを引っかけるのにそうなっているんです。標本を見ると、それがよくわかります。

ということは、アマツバメは、地面にほとんどおりない生活をしているということですか？

川上　基本的に地面に足をつけるのは、繁殖のとき、崖に引っかけるだけ。アマツバメはそういう意味では、まさに飛ぶために特化した体なんです。彼らは、飛ぶための風切羽がほかの鳥に比べて非常に長く、上腕骨が非常に短いんです。上腕骨というのは、人で言うと、肩からひじにあたる骨ですね。

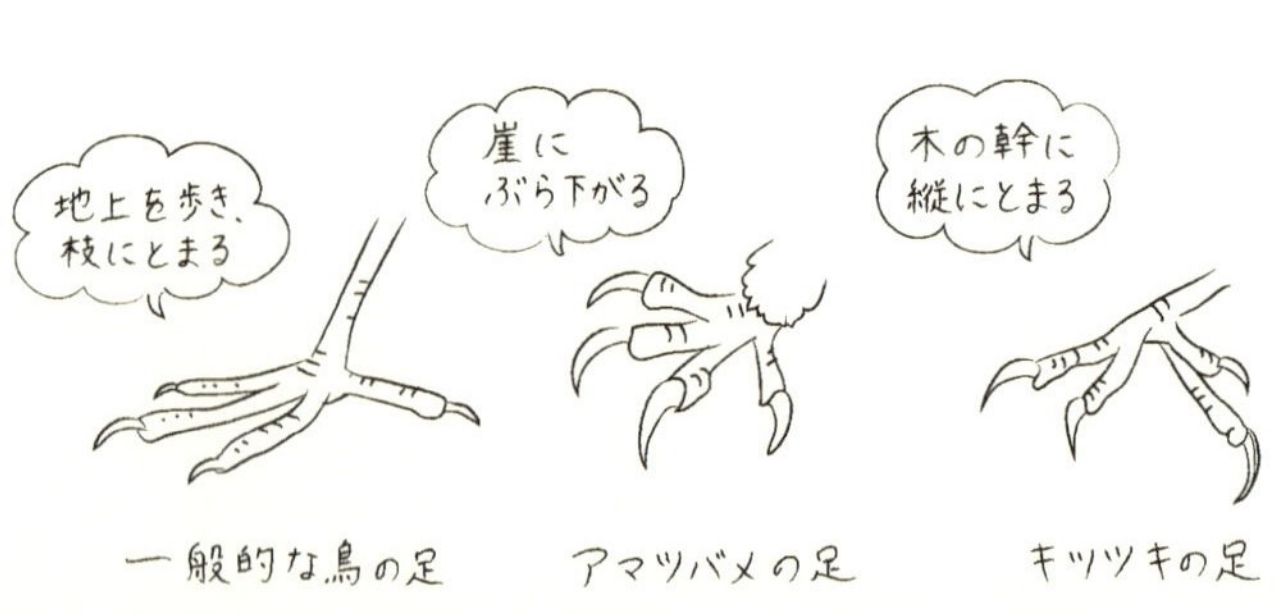

通常、上腕骨に風切羽はつかず、ひじから先の骨につきます。でも長距離を飛ぶアマツバメは、上腕骨を短くする代わりに、風切羽のつく骨を伸ばし、翼の長さをかせいだんです。

だから翼がブーメランみたいな形をしているのですね！

川上 地上におりることがないから、翼が長くても地面に擦れる問題もない。こうして標本にしておくと、例えば同じアマツバメ科のハリオアマツバメなんか、本当に針尾なんだ、というのもわかる。

まさに針ですね。これは、何かに使っているのでしょうか？

川上 正確にはわかっていませんが、暮らしの中で使っているというのではなく、シルエットの違いを出すためかもしれません。常に飛んでいますから、逆光の中で同種を見分けなければならない。その方法の一つは、シルエットを違えること。例えば燕尾型が進化するのはツバメやアジサシの仲間なんです。飛んでいるときにシルエットで差をつけたいのでしょう。

たしかに、ツバメとイワツバメの絵を描くと、線だけで見分けがつきます。尾の形もまるで違いますよね。

川上 羽色のコントラストも重要な情報です。逆光の世界で色は役に立たないので、重要なのは白黒のコントラストだけ。

なるほど、みんなモノトーンぽいです。仲間かどうか、文字どおり、

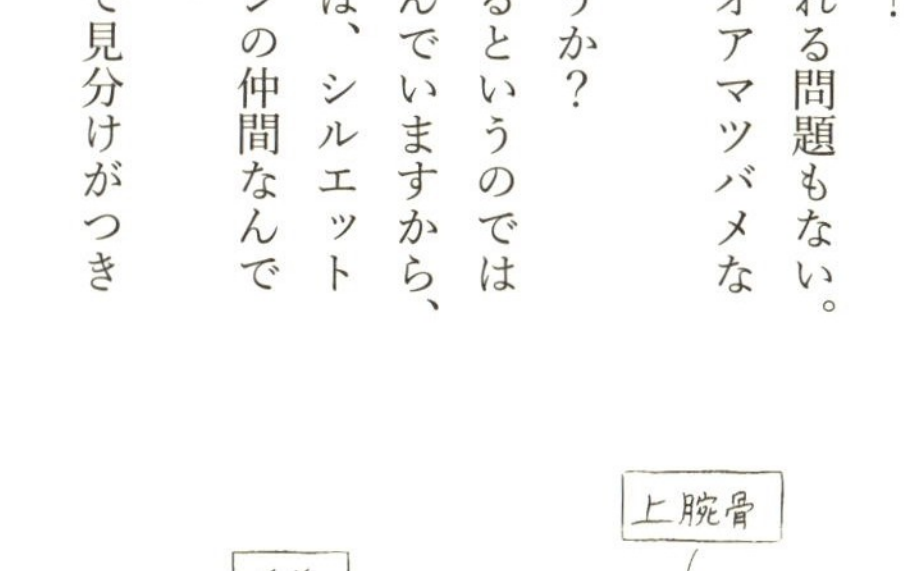

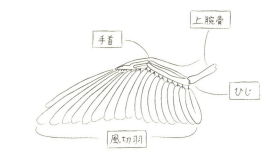

白黒はっきりさせると。

川上　そういうことです。ちなみに、黒のほうがメラニン色素が入っている分、組織が頑丈です。色素のない白は弱くて擦り切れやすい。白黒の羽毛をもつ鳥の標本は、羽毛の白いところは薄く、黒いところはしっかり残っている、というものがたまにありますね。

標本があれば、そういうことも実物を見てわかる、ということですね。そういえば、自然の中ではこうして動かない鳥を見たことがありません。スズメもあれだけいるのに、死んでいるところは……。

川上　野生動物というのは死ぬ前に弱るんです。例えば病気になる、食べものを捕れずに衰弱する。そういう個体がどうなるかというと、食べられちゃうんですよ。あるいは死体になった瞬間に、消費される。死体というのは生態系の中では資源になります。むしろそうでない死体は、生態系の中から切り離されているということ。交通事故とか、窓ガラスに激突したものとか。本当は資源にならなければいけないのに、資源になれなかったもの。

このように標本になって、学問の資源になるということはありますね。

川上　そうですね。過去の標本を後からとることは不可能ですから、いま、標本をきちんと残しておくということは、すごく重要なことなんです。

進化とは?

標本を見て、あらためて実感しました。鳥は種によって本当にさまざまな形態があるんだって。

川上　現在世界には1万種以上の鳥がいて、みんな違う性質をもっていますね。長い時間をかけて、多様な進化を遂げてきた。一方で、サメやカメは、中生代※からほとんど形が変わっていないんですよ。彼らに変化はいらないんです。その形態を維持していたら、2億年以上生きていくことができた。

でも、恐竜は鳥に変わらなければ、生き残れなかった。恐竜が飛ぶようになったきっかけも、そういうことなのでしょうか。

川上　それはまさにいま、いろいろと議論されているところですね。食物を効率よくとるためという説もありますが、僕は命の危険から逃げるためだったと思っています。襲われそうになったとき、例えば樹上から数メートルでも飛ぶことができたら、生きのびることができますよね。

そしていま、鳥として生きている。その環境に、いかに適応するかが生き残りの鍵なんですね。そう考えると、いまの鳥たち、特に都会に進出した鳥たちは、よくがんばりましたね。

川上　いわゆる勝ち組ですよね。進化って何かというと、集団の中での遺伝

※中生代
いまから2億5200万~6600万年前の時代。恐竜が大繁栄した時代として知られている

子頻度の変化と僕らは考えています。例えば、鳥たちがみんな自然度の高い環境が好き、という遺伝的な性質をもっていたとする。そのなかで、ある個体から突然変異が起こって、そこまで自然が好きじゃない、人間が撹乱《かくらん》※した場所でもオッケーという個体が生まれたとしますよね。そうすると、ほかは選り好みをして、人がいないところでしか繁殖できないけど、その個体だけ人がいるところでも繁殖できる。

ということは、その鳥は、ほかの個体よりたくさん子孫を残せますね。子供たちもその性質を引き継いで、次世代がまたそれを引き継ぐ。そうやって、その性質をもってさらに増えていくと。

川上　その通り。そうすると、もともと自然好きという遺伝的要素をもっていた集団から、人間が撹乱したところを好む集団に遺伝子頻度が変わる。これが進化なんです。進化というのは集団しかしないものなんですが、その進化に関わるのは、個体ごとの突然変異。個体差が生まれることによって、はじめて進化が起こるんです。

多様であるということ

スズメもムクドリも、街にすむようになったのは、ピンチをチャンス

※撹乱
「かき乱すこと」という意味で、それまで保たれていた環境がなんらかの要因で変わること。人間の行為ばかりではなく、火山の噴火や地震なども撹乱の要因となる

に変えた祖先のおかげなんですね。

川上　スズメは、まさに人間の広がりにあわせて広がったと言われていますね。人間が農耕地をつくって家を建てると、屋根の隙間で営巣できるようにもなり、食べものもその辺でとるようになった。

ツバメは、人のいる場所でしか子育てをしないようですし。

川上　そう。ツバメはもう、自然環境では繁殖しなくなりましたね。ツバメが自然物に巣をつくったとこって僕も見たことないし、日本ではそういった記録がないんです。人間のいる環境は、もう生態系の中に組みこまれています。人がいなくなった集落だと、ツバメもいなくなる。

逆に、人がいなかった時代は、ツバメはどこに巣をつくっていたのでしょうか。

川上　僕は洞窟だったのではないかと思っています。大昔そういう場所で巣をつくっていて、あるとき、そこに人間が住み始めたのではないか。これもまた進化の話になりますが、人間の存在が嫌だなあと思って巣をつくらない個体と、それを気にしないで巣をつくる個体がいて、その結果、人のいるほうで巣をつくっていた者のほうが子供を残せた。人のいないところで営巣していた者は捕食者にやられてしまった。ということがあれば、人のことを気にしないツバメのほうがたくさん子孫を残せ、進化しやすい。どのような性

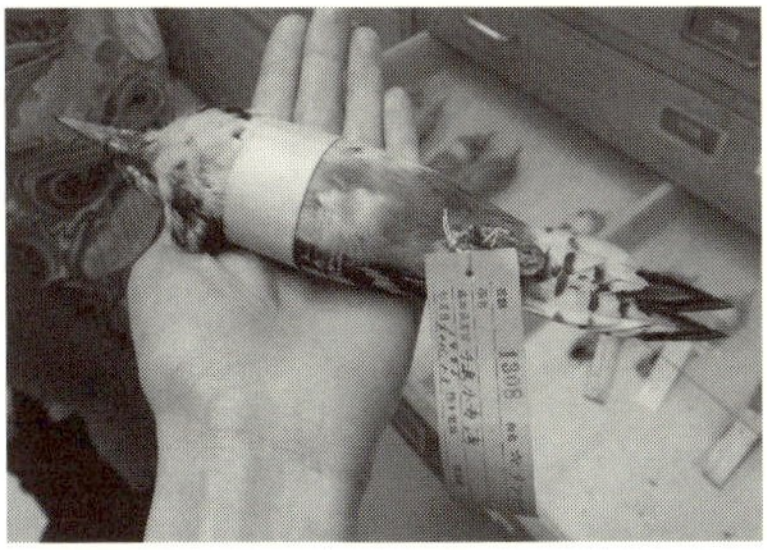

標本庫のひきだしの中。タグをつけられて標本となった鳥たちが並んでいた

質が良いかは、時代やそのときの環境によって異なりますが、多様性がなく、みな同じ性質をもっていると一気に絶滅する可能性がある。多様であれば、どれかは生き残ることができる。

人の社会にもまったく同じことが言えますね。大胆さや慎重さ、多様な性質はそれぞれ、異なる場面で活かされる。とりあえず都会の鳥たちの「人のそばでも大丈夫」という大胆な性質は、いまはプラスに出ているということですね。

川上　そうですね。いま、絶滅を危惧されているのは、人間による撹乱に弱かった種だと思います。一方でそれに便乗して、適応できた種というのは、増えていますね。

女子が男子を選ぶ

ツバメは、雄と雌はおなじ姿ですが、雄の尾の長さ、喉の赤さは雌へのアピールポイントですよね。オオルリの青も。鳥の雄って、大変。結局選ぶのは雌なのだから。ふふふ（ほくそ笑み）。

川上　人間の雄も大変ですけどね（笑）。

弱い雄は淘汰されると思っていたのですが、怪我をしたムクドリの雄が、ちゃんとパートナーを連れていたことがありました。

川上 その雄に、何かすごくいいところがあったのかもしれない。一時的に体が弱っていても、怪我は遺伝的なことに関係ありません。

「セクシーな息子仮説」って知っていますか？ 雌は一般的には、見た目で健康状態などの生き残りやすさに関わる個体の質を判断して、雄を選びますよね。でもセクシーであれば、生き残りやすさに関係なく選ぶことがある、という説。セクシーな相手を選べば、遺伝子を受け継ぐ自分の子もセクシーになるでしょう？

なるほど、そうすると自分の子も人気を得られますね。あのムクドリも、実はそうだったのかもしれませんね。とても仲が良さそうな夫婦だったんです。どちらにしても、傷ついた小鳥はのけ者にされると思っていたので、なんだかうれしいです。

川上 僕が小笠原で観察していたメグロ※は、冬でも雄雌二羽でよく行動していました。ある年、つがいの一方が片足になってしまった。でもつがい関係を解消せず、子供を残したんです。新しい相手を探す方法もあったかもしれないけれど、片足くらいのことであれば、いままでの相手といたほうが良かったのでしょうね。

※メグロ
小笠原諸島に固有の鳥で、目のまわりに逆三角形の黒い縁取りがあるのが特徴。メジロよりも少し大きい。小笠原諸島のなかでも、母島、向島、妹島にしかいない。国の特別天然記念物

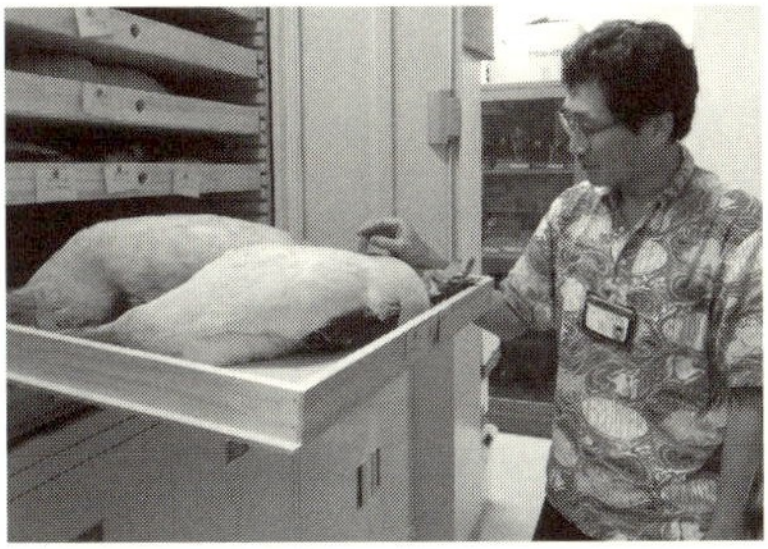
「死んだ鳥から、読み取れることはたくさんある」と、川上和人先生

夫婦でいる小鳥は、いかにも仲むつまじくて愛らしいです。お互い羽づくろいして、幸せそうなメジロとか。昔は肉眼で眺めるだけでよかったのですが、双眼鏡をのぞいてからは、そういう表情などを見るのが楽しくて、手放せなくなりました。先生は、バードウォッチングはされますか？

川上 いまはそうでもありませんが、学生の頃はよくしていました。僕もはじめて双眼鏡を持ったときは、観察に夢中になりましたね。肉眼では点にしか見えないものが、レンズを通すと本当にくっきり、近くに見えるじゃないですか。見たことのある種を数えて、観察を楽しみました。それが次第に、研究対象としての魅力にシフトしていったんです。

私は鳥たちに「生きる」ということを教えてもらっている気がしています。複雑に見えているけど、生きるって実はシンプルだよね、と。そういうなかで人だけがもつ想像力や、泣いたり笑ったりできることがありがたくも思います。彼らを通して、きびしく、純粋な野生の世界を知ることができます。私たち人間も元は野生ですから、そこには人生のヒントがたくさんあると思うんです。まあ、単純に見ていてかわいい、ということもあるのですが（笑）。

ケンビキョウで
雪をみる
キレイ！
ソウガンキョウで
小鳥をみる
カワイイ！

川上　鳥って一番身近な野生動物ですからね。みんな、もっと、鳥を見れば良いのにと思います。と言いつつ、僕はいまはどこにも行かず、鳥の生態のことを考える「エア鳥類学」をするのが好きなんですけど（笑）。例えば、チョコボールのキョロちゃんが実際にいるならば、どんな鳥かを真剣に考えるんです。こんな生物が進化するわけがないと、最初から切って捨てない。

なんでも決めつけたり、先入観を持ったりしないことは、大切ですね。思いこみで目の前の真実が見えなくなることもある。進化のことを考えていくと頭が整理されて、なんだかスッキリしますね。

川上　そうなんです。とにかく僕は疑問に思ったことには理由が欲しい。これらの標本にしても、いますぐには役に立たないかもしれないけれど、保存しておくことに価値がある。そうすると１００年後に、現在ではわからないことが、解明されるかもしれません。

標本を見て触れて、わかったことがたくさんありました。実際の鳥は、遠くから眺めることしかできません。手が届きそうで、届かない。だからいっそう想像がふくらむのですが、今日あらためて思ったのは、想像をしながらも、真実を知っていくことの大切さです。先生方が明らかにしてくださった真実をもとに、ファンタジーはますます広がります。これからは、見た目だけでなく中身も、骨まで愛していきます！

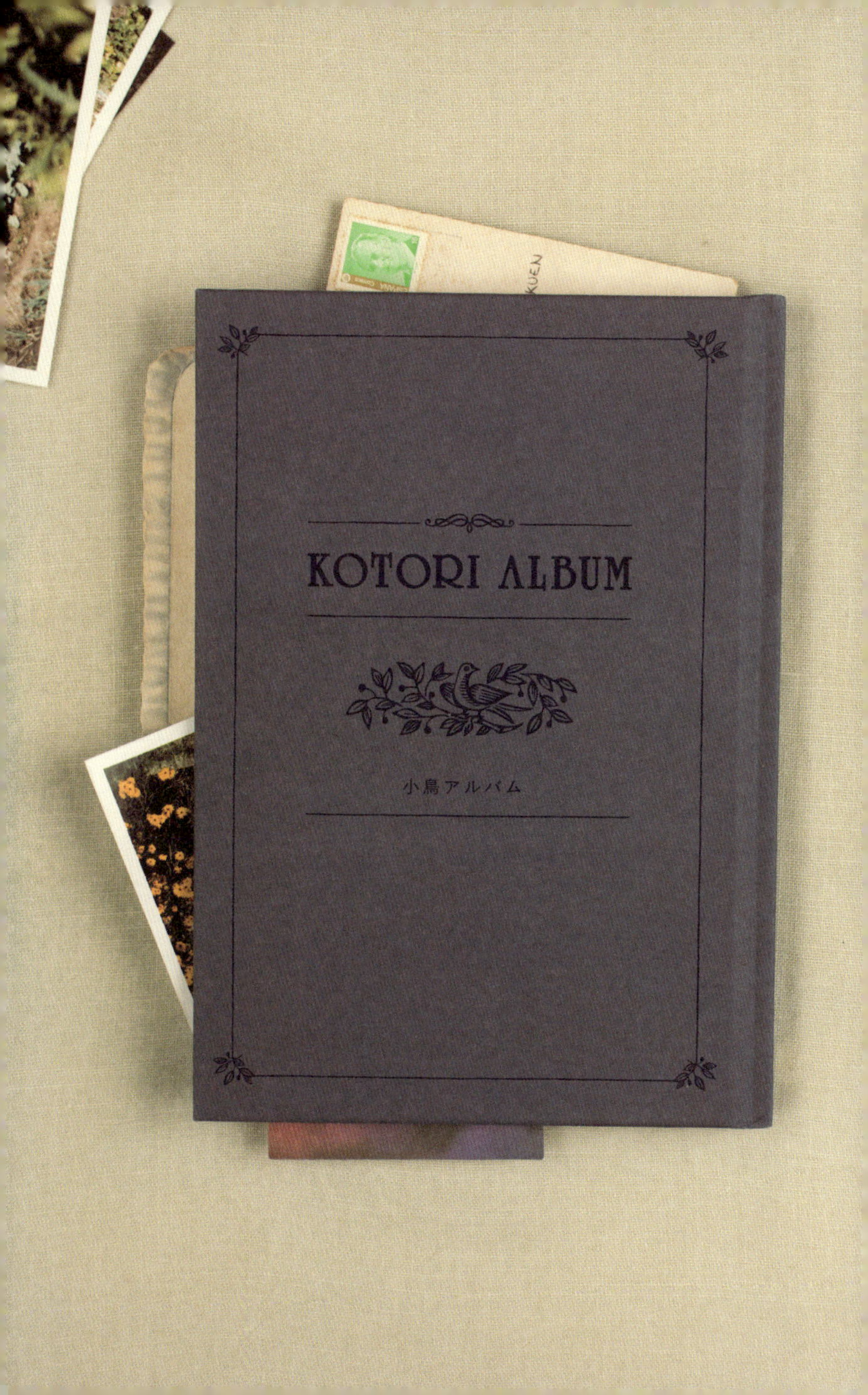
KOTORI ALBUM
小鳥アルバム

花がひらき、小鳥はうたう

春になると、小鳥たちは弾むようにうたいはじめます。
あるいはその歌声が、春を呼んだのでしょうか

スズメ

スズメ目スズメ科　留鳥

人里に暮らす小鳥。食べものの好き嫌いはあまりなさそうです

茎をちぎって桜の蜜を吸うスズメ。花はきれいな形のまま落ちる。ほどほどにお願いしまーす

落ちた桜はそこに咲いているみたい

エナガ

スズメ目エナガ科　留鳥

長い尾がひしゃくの柄のよう。虫や樹液を食べます

なにかある？　のぞきこむ桜の花は、エナガにとっては大きい

ミソサザイ

スズメ目ミソサザイ科　留鳥

大きな声は渓流に響き渡ります

ミソサザイ、オン・ザ・ステージ！
姿も声も、キラキラ光ってる！

水に浮かぶ花びらの上を歩くセグロセキレイ。そんなに軽いのね……

セグロセキレイ

スズメ目セキレイ科　留鳥

河原で尾っぽをひょこひょこさせています。日本だけにすむ小鳥

ムクドリ

スズメ目ムクドリ科　留鳥

地面をとことこ歩いて食べものを探します。くちばしはオレンジ色

いつもはあつまるムクドリも、春は夫婦で

枝が1本あるだけでも安心なのさ。ひっこみじあんのウグイス

ウグイス

スズメ目ウグイス科　留鳥

声は明るいけれど、暗い藪が好き。めったに人前には現れません

飛びながら、そして歩きながらうたう器用なヒバリさん。草原からひょっこり顔を出してくれました

ヒバリ

スズメ目ヒバリ科　留鳥

さえずりながら、空高く飛びます。頭の毛を立てたりねかせたり

夏の小鳥がやってきた

東南アジアなどから飛来する夏鳥たち。少し休んだあとは、
子育てが待っています。小鳥たちの忙しい季節がはじまります

キビタキ

スズメ目ヒタキ科　夏鳥

雄はうたいながら、羽の黄色を見せて雌を誘います

キビタキの雄。英名 Narcissus Flycatcher は、水仙の黄色にちなんでつけられました。気持ちの晴れるような、明るい黄色です

ヤマブキとキビタキの黄色は似ている

オオルリ

スズメ目ヒタキ科　夏鳥

とびきりの美声です。さえずりの最後に「ジジ」とつけるのが特徴

瑠璃色の美しい雄。ふしぎそうにこちらを見ている

オオルリの雌は枯れ草色

コマドリ

スズメ目ヒタキ科　夏鳥

雄の鳴き声は、ウマ（駒）のいななきに聞こえるそうです

森の太陽みたいなコマドリの雄

コルリ

スズメ目ヒタキ科　夏鳥

地面を歩いて昆虫を探します。さえずる場所も低木が好み

藪の中から出てきたコルリの雄

巣立ったばかりのエナガのひな。みんなでくっついて、あったかくなろう

お母さんしか見ていないスズメのひな。母はニンゲンが気になる

コサメビタキ

スズメ目ヒタキ科　夏鳥

飛んでいる虫をフライ&キャッチするのが得意

羽をぶるっとふるったところ

ツバメ

スズメ目ツバメ科　夏鳥

人間のそばでくらす小鳥。ひなも、人のいる場所で育てます

大きな口を開けて、両親を待つひな。たくさん食べて、大きくなって!

アオバト

ハト目ハト科　留鳥

普段は山で暮らすアオバト。夏から秋は海にやってきます

うしろから波がせまる。「がんばれアオバトさん」の横断幕をかかげて応援したくなる、アオバトさんの夏。雄のつばさは、えんじ色

深まる秋。衣がえをして美しく

木々が色づきはじめる頃、くたびれた羽は新しく生えかわります。
みんな、見ちがえるほど美しくなります

ヤマガラ

スズメ目シジュウカラ科　留鳥

秋は樹皮のすきまなどに木の実を蓄え、冬仕度をします

紅葉とヤマガラ。木のうろに溜まった雨水を飲んでいました

モズ

スズメ目モズ科　留鳥

虫やトカゲ、たまに小鳥も食べる小鳥界のハンター

「かわいい小鳥はおらんかえ〜」。ギチギチ！
モズの高鳴きは秋の風物詩

秋は種がおいしい。種子好きのイカルが食べているのは、モミジの種

イカル

スズメ目アトリ科　留鳥

群れで行動します。みんなで種子や木の実をぽりぽり

シジュウカラ

スズメ目シジュウカラ科　留鳥

ツツピ！と声をかけあいながら仲間とともに行動します

白いほっぺがまぶしいシジュウカラ

秋の七草、フジバカマ。ヒョウモンチョウが蜜を吸っています

ヒヨドリ

スズメ目ヒヨドリ科　留鳥

気は強いけれど、種子散布に貢献する善良な鳥です

まったりしているヒヨドリたち

メジロ

スズメ目メジロ科　留鳥

白いアイリングは異性へのアピールにもなります。甘党です

仲間であつまる、秋色のスズメ

落ちないクヌギの葉っぱとメジロさん

おとずれる冬鳥たち。日本の冬はどうですか？

ロシアなどからやってきて、寒さが過ぎるのを静かに待つ、冬の鳥。
日本の鳥たちとも折り合いよく過ごすようです

尾っぽでしっかり体を
支えています

コゲラ

キツツキ目キツツキ科　留鳥

大きさはスズメくらい。幹の下から上へのぼって、コツコツ

冬を明るくする
ツワブキ

ジョウビタキ

スズメ目ヒタキ科　冬鳥

尾っぽをふるふる、頭をペコリとするしぐさが愛らしい

ちらっと尾に見える
オレンジがすてきな雌

こういう杭の上が好き。冬に見られるヒタキの中では、かなり負けん気の強いジョウビタキ。
自分より小さなルリビタキやオジロビタキを、よく追いかけています

アトリ

スズメ目アトリ科　冬鳥

種子が大の好物。群れでよくあつまっています

正面顔もかわいい、
アトリの雄

ふくらすずめ！

日本の冬も
けっこう
さむおす

まんまるジョウビタキ

オジロビタキ

スズメ目ヒタキ科　冬鳥

尾の裏が白色。ふつうは日本より南で冬越しすることが多いそう

キャピ！と尾をふりあげるオジロビタキ（小鳥せんせい）。ゆっくりしていってね

初春はまだ寒いけれど……

梅がほころびはじめると、小鳥たちも花にあつまります。
春はもうすぐそこ！　みんな、にわかに活気づいているようです

ルリビタキ

スズメ目ヒタキ科　留鳥

すまいは山。でも、冬のあいだは低地で過ごします

ルリビタキの雌。地味だけど、かわいいガール！

藪から出てきて、顔を見せてくれた雌

カワセミ

ブッポウソウ目カワセミ科　留鳥

お魚が大好き。水の中に飛びこんで、泳いでいる魚をとらえます

神社の桜にとまったカワセミ。神さまですか？

メジロは花蜜が好き。くちばしを花の中にさしいれて、上手に食べます

春の儚きもの、小さなセツブンソウが咲くのは初春の少しのあいだだけ

雪の中から凍った虫を見つけて、うれしそう

ハクセキレイ

スズメ目セキレイ科　留鳥

水辺の小鳥ですが、最近は街でも暮らしています

ツグミ

スズメ目ヒタキ科　冬鳥

地上をよく歩きます。たたっと歩いて、背すじ、ぴん！

北へ帰ろう。決心したみたいなツグミ。どうかぶじに帰って、またきてね

小鳥日記より
（あとがきにかえて）

9月某日。
バラ園をあるく。
花ざかりのときは、アンリマティスの中に
母親を待つすずめの子がいた。
人を見ても、ぼーっとしていた。

いまはみんな、ひとりだちしている。
若いつばさは、明るい栗いろ。
こちらにハッと気づいて、さっと飛んでいった。
そうそう、その調子。
その調子で、どんどん飛んでおゆき。

花と鳥、虫やけもの、人もみな、
すこやかに生きられますように。

中村 文

小鳥と中村文さんと

樋口広芳
（東京大学名誉教授）

小鳥はかわいい。なぜかわいいと思うのだろう。一つは、文字通り体が小さいからだ。二つめは、小さいことと関連して動作が愛らしいから。ちょんちょん、ちょこちょこ動く。見ていて心が和む。三つめ、つがいの雌と雄の仲がよい。一緒に動きまわったり、寄り添ったりする。これも愛らしいことに貢献している。もう一つは声。美しく複雑な節まわしでさえずる。さえずりは小鳥の専売特許とも言えるものだ。

　中村文さんは、そんな小鳥が大好きだ。ただ好きという人は、たぶんたくさんいる。が、文さんの行動や言葉は、小鳥への愛情で満ちあふれている、というより、あふれ出ている！　見聞きしている鳥たちに、即、感情移入してしまう。ちょっと日本人離れしているというか、日本人の繊細な感情が遠慮せずに表に出てきている、といった感じだ。ともかく、ふつうの人が表現しないようなことをやったり言ったりする。この『コトリノソウシ』は、まさにそんな雰囲気が満載だ。

　文さん自身、ちょっと小鳥に似ている。愛らしい表情、にぎやかにおしゃべりする、といったところ。音楽、とくにピアノが大好き、というところも。昨今、バードウォッチングが盛んになる一方、バードウォッチャーの平均年齢が高くなり、若い女性の比率が減る傾向にあるという。がつがつ鳥を見たり写真を撮ったりすることが、あまりかっこよくなく、若い女性には人気がないのかもしれない。そんな中、文さんのような人が現れ、細かい知識や経験を積むよりも、小鳥の愛らしいところ、小鳥の世界の楽しいところに率直に目を向けている。表現方法も、おしゃれなエッセイから四コマ漫画まで、自由にあちこち飛びまわる。これは新しい潮流をつくり出すかもしれない。この本はそんな予感を抱かせる。

ところで、話は戻るが、小鳥はなぜ小さいのだろうか。少し科学のお話。小鳥、分類学上のスズメ目の鳥は、森林や草原の枝葉がつくり出す細かな空間を動きまわりながら、枝葉につく昆虫や木の実をとって食べる方向へと進化してきた鳥たちだ。体を小さくすることによって、複雑な構造の枝葉空間をこまめに動きつつ採食することに適応しているのである。さえずりは、見通しのききにくい空間で雄と雌の求愛、あるいは雄どうしのライバル争いにかかわるコミュニケーション手段として発達してきた。小鳥は小さくて繊細な巣をつくるが、これは小さな体で小さい卵を安全かつ効率よく温めるために発達してきた習性だ。

小鳥のかわいさ、愛らしさの背景にはそうした長い進化の歴史がある。スズメ目の小鳥は、鳥類約1万種の中で半数以上を占める。鳥全体の進化の大きな流れをつくってきたものたちなのだ。小鳥たちは、その愛らしい姿や声を通して、私たちに鳥のくらしのあり方をよりよく知らせてくれる。小鳥を見聞きすること、小鳥について知ることにはそうした意味もある。

中村文さんは、優しい言葉、楽しい表現でそんな小鳥の世界を描いてくれている。小鳥ファン、自然派愛鳥女子が増えることを期待している。

ひぐち・ひろよし●1948年生まれ。農学博士。日本野鳥の会・研究センター所長、東京大学大学院教授、慶應義塾大学大学院特任教授を歴任。現在、東京大学名誉教授。著書に『鳥たちの旅』（NHK出版）、『日本の鳥の世界』（平凡社）、『わたり鳥の旅』（偕成社）、『鳥・人・自然』（東京大学出版会）、『鳥ってすごい！』（山と溪谷社）など多数。中村文『ときめく小鳥図鑑』（山と溪谷社）監修。

著者プロフィール

中村 文（なかむら・ふみ）

同志社大学文学部卒業。小鳥や花など自然の風物について独自の視点をもち、その世界をやわらかに描く。本著では、執筆のほか、漫画やイラスト、写真（P146～P155）のすべてを担当した。著書に『ときめく小鳥図鑑』『ときめく花図鑑』（山と溪谷社）がある。

装丁画
中村 文

装丁・デザイン
ケルン
（宮本麻耶、柴田裕介、岩崎紀子）

協力
川上和人
樋口広芳

編集協力
和田美恵子（古文）
勝峰富雄

編集
山田智子
宇川 静（山と溪谷社）

小鳥草子 コトリノソウシ

二〇一八年一二月一日 初版第一刷発行

著者 中村 文
発行人 川崎深雪
発行所 株式会社山と溪谷社
〒一〇一-〇〇五一
東京都千代田区神田神保町一丁目一〇五番地
http://www.yamakei.co.jp/

◎乱丁・落丁のお問合せ先
山と溪谷社自動応答サービス 電話 〇三-六八三七-五〇一八
受付時間／一〇時～一二時、一三時～一七時三〇分（土日、祝日を除く）
◎内容に関するお問合せ先
山と溪谷社／電話 〇三-六七四四-一九〇〇（代表）
◎書店・取次様からのお問合せ先
山と溪谷社受注センター 電話 〇三-六七四四-一九一九
FAX 〇三-六七四四-一九二七

印刷・製本 株式会社暁印刷

ISBN978-4-635-33073-2